U0008293

GOBOOKS & SITAK GROUP©

Rich致富325

見識

吳軍博士的矽谷來信，教你掌握商業與人生的本質

吳軍◎著

高寶書版集團

第一章　**幸福是目的，成功是手段**

當一個人對社會產生了極大的正向影響力後，他不僅可以獲得物質（比如金錢）和精神（比如名譽）的財富，而且還有一種由衷的幸福感。

第二章　**人生需要減法**

人的天性是喜歡增加而不喜歡減少，喜歡獲得而不喜歡捨棄，但是，很多時候減少和捨棄會讓我們過得更好。由於這種做法有時違背天性，因此很多人做不到，當然，這也就給了那些能做到的人更多機會。

目錄
contents

第三章

談談見識

很多時候，成敗與否取決於見識高低，而不是自己努不努力。今天，由於交通和通訊技術發達，人要增加見識比過去容易得多。但在我們心中，有時依然有一道圍牆，阻礙了我們的見識。

第四章　大家智慧

歷史上傳頌至今的名人大家，在不經意間將人生的感悟告訴我，也不知不覺影響了我。後來，我有機會遇到世界上很多優秀的人，他們的思維方式同樣影響了我。

第五章　拒絕偽工作者

效率高低不是取決於著手做多少工作，而在於完成了多少。很多我們看起來非做不可的事情，其實想通了並沒有那麼重要，因為這些是偽工作。無論是在職場上還是在生活中，提高效率都需要從拒絕偽工作開始。

目錄
contents

第七章　商業的本質

世界上每過一段時間，就會誕生出一些新的商業概念，最後大家發現炒完概念後什麼都不剩。其實，不論概念如何炒，商業的本質上千年都沒有什麼改變。

第八章　理性的投資觀

事業成功，賺到了錢，卻不會花、不會理財，可能最後白忙一場；沒有賺到錢，空有理想抱負，可能也不過是幻想。因此，金錢觀不僅會對人的事業產生影響，也會決定人的幸福。

目錄
contents

序言

「命」和「運」決定人的一生

看到這個標題，你可能會想，這不是宣揚宿命論或者出身論嗎？其實恰恰相反，我是要破除那些所謂出身決定命運的舊觀念，希望每個人透過認清生活的環境來認清自己，盡可能地有一個「好命」。

講到命運，很多到了中年的人會有這樣的體會：自己無論多麼努力，似乎都得不到社會的進一步認可；相反，如果按部就班地做事情，好像也壞不到哪裡去。冥冥之中似乎被這兩條線給框死，其實這就是命。

一個人小富小貴，可以靠一時的好運氣。比如我曾經有一個鄰家學姐，高考時表現超水準，本來可能連北京航空航太大學或者北京科技大學也考不上的她，居然考上了清華大學。我的母校在隨後十幾年裡，一直將這件事情當作高考表現超水準的範例來講，直到教過她、記得這件事的老師都退休為止。說到這裡，你一定會關心她後來的人生發展。有一次我在校友會上見到了她，提起那次好運，她卻說，其實在清華就是受了五年罪，後來的生活發展該怎樣還是怎樣，不會因為一次好運氣而改變。

世界上永遠不缺運氣好的人，彩券中大獎的人也是如此，在美國，幾乎所有中大獎的人在十年內都會把幾千萬美元到上億美元的財產敗光。吳曉波在《大敗局》一書中總結的中國早期股市冒險家也是如此。當然，社會學家還可以給出更詳細的統計數字，說明僅僅靠一時運氣好是不可能大富大貴的。

對大部分人來講，其實很難一輩子好運，當然也不會一輩子倒楣，關於後面這一點，我會在書中進一步論述。運氣是一時的，且具有很高的隨機性；但命卻影響人的一生，具有決定性的作用。

一個人要想得到命運之神的眷顧並不容易。要想命好，首先要認識命的重要性，即信命和認命。信命是知道自己有所不能，認命則是不超越命運的界線，對於得不到的坦然接受。孔子曰：「從心所欲，不逾矩。」這「不逾矩」三個字就是認命的意思。古希臘沒有孔子，但是他們對命運的認知和孔子差不多。在他們的眾神之神宙斯背後，冥冥之中還有掌控神的命運女神摩伊拉（Moirai）。

當然，我知道這種說法和今天許多人從小接受的教育不一樣。我們認為人定勝天，創造奇蹟，挑戰人類極限，當然包括透過努力改變命運，而不是像我所說的認命。但是，稍微有點邏輯的人就不難想清楚，社會上（包括一些老師）給年輕人灌輸的心靈雞湯不能當真。如果那些心靈雞湯真的管用，在那些寫雞湯的人身上就應該應驗，但事實上卻沒有。

有人將出身好等同於命好，這其實是兩回事，否則崇禎皇帝也不會說，希望子子孫孫不再生於帝王家。同樣的，對於曹雪芹而言，我們也不知道他從小錦衣玉食算是命好還是命差。出身好不過是人生交了一次好運而已，並不代表一輩子的命都能好；反之亦然，生於貧窮之家的人，未必沒有好命。

那什麼是命呢？不同人有不同的理解。對我來講，它主要取決於兩個因素：環境的因素和我們對未來劃定的方向。人生軌跡走不出這兩條線，個人的努力、運氣等，不過是讓我們在這兩條線之間做微調而已。

環境的因素不能忽視。麥爾坎．葛拉威爾（Malcolm Gladwell）在《異數》（*Outliers*）一書中強調，人出生的時間和地點在很大程度上決定了他們的命運。書中還說明了一個事實：在人類歷史上最富有（按照財富的可比性）的七十五人中，有五分之一出生在一八三〇～一八四〇年的美國，因為他們趕上了美國的工業革命。[1]生逢中國改革開放的人，就比生活在一百年前的人幸福；生在宋朝的人，就比生在明朝的人過得好。[2]人出生的時間當然無法選擇，不過「入境隨俗」的智慧是應該有的，時代需要我們怎麼做，我們就怎麼做，這就是信命。不信命是什麼結果？生逢亂世不懂得保全自己，結果就不用說了；生逢人類歷史上少有的治世，依然懷疑其真實性，就會丟掉一切機會。在中國過去三十多年的發展過程中，總有不斷唱衰中國的聲音，一些朋友總擔心中國經濟會崩潰，一直想買房子又不敢買。二十年過去了，這些人發現自己仍然兩手空空，錯失了中國經濟長期增長的紅利。在《矽谷來信》專欄中，我從經濟學、科技發展以及歷史

1 詳細資料請參考麥爾坎．葛拉威爾的《異數：超凡與平凡的界線在哪裡？》。

2 有關作者對於宋朝社會之褒揚，可參考費正清《中國：傳統與變革》、陳寅恪《鄧廣銘：宋史職官志考記》等著作。

的角度，分析了為什麼中國處在最佳的歷史發展時期，為什麼中國有希望，如果錯過了中國的發展機會，一切努力都事倍功半了。

決定個人命運的第二個因素掌握在每個人手裡。所謂命，就是一個人看問題和做事情的方法，如此而已，但它們卻決定了人的一生。我在《矽谷來信》專欄中講述了一個朋友的故事，他出身貧寒，卻總能得到命運之神的眷顧。他順利地考入北京大學，之後又進入康乃爾大學學習。他在美國工作的第一家公司就在其任職期間成功上市，之後他又趕上了兩次大的IPO（首次公開募股）：一次是高盛（Goldman Sachs），另一次是谷歌。在離開高盛之後、加入谷歌之前，他還進了另一家明星公司：亞馬遜。因此，他年紀輕輕不僅實現了財富自由，而且做出了很多重大的發明創造。此外，他的投資也非常成功，子女們也養育得非常好。你可能會說為什麼他的運氣這麼好，想去哪裡就能去哪裡，而且總是在合適的時候到了合適的地方。其實，這不是運氣好，而是「命好」，是他獨特的看問題方法和行事方式。

我這位朋友看問題的角度很值得每個人學習。我在二〇一〇年離開谷歌到騰訊時，他對我說：「你這個選擇不錯。」我問他為什麼，他說：「這家公司有獨一無二的價值。」尋找獨一無二的價值，這就是他投資（開始的時候他其實是用自己的時間投資，後來當然是用他的金錢投資）恪守的原則。

對於任何一個炒概念的公司，無論當時在媒體上多麼光鮮，無論一年後股價是否會漲，我的這位朋友都不理睬，他只看那些公司有沒有「錢」途，即賺利潤。即使同樣盈利的公司，他也只看它們是否在業界有說一不二的定價權，他加盟的高盛、亞馬遜、谷歌和騰訊都符合這個原則。

對於某些被國內外投資人熱捧的公司，比如樂視等，他明確地說，它們從短期看，帶不來現金，從長期看，世界上有它沒它都一樣，所以他不會投資這樣的公司，甚至對於一些看似還不錯的公司，比如小米，他也認為不過是眾多公司中的一家而已，沒有定價權，不會帶來巨大的現金，他也不會感興趣。

當然，他的判斷可能是錯的，也許小米會成為一家好公司。不過他認為沒有關係，本來他也沒有打算在股市賺所有的錢。這位朋友從不眼紅別人賺多少錢，比如我們周圍一些人當年從百度上市賺到一筆錢，他對這種一次性的收入根本不在意，不論多少。雖然這讓他失去了無數次賺快錢的機會，但是他從不後悔。很多人能夠靠運氣賺快錢，做到小富，但是不可能一輩子運氣好。對他來說，如果把注意力放到賺百度這種一次性的錢上，就失去了看問題的固有方法，最後不僅賺不到谷歌或者騰訊的錢，在投資上也做不到長期複合增長。這位朋友非常認命，不屬於自己的東西從來不去想。他的資源並不比任何人多，但是他只關注自己命中能夠得到的，也就得到了所應得的。

前一陣和影視圈的朋友談到一個大家熟悉的演員，大家說她是苦命人，嫁人不順，投資也不順，一輩子辛辛苦苦演戲，最後白忙一場。我說，這是她命不好，怨不得別人。一來讀書少，二來圈子太狹窄，以至於見識和判斷力不高。歷史上這樣的人很多，比如十九世紀賺了無數稿費卻又在投資上敗光的馬克．吐溫（Mark Twain）。但凡人的知識面稍微寬一點，交際的圈子稍微廣一點，了解事情稍微全面一點，命就會好很多。

無論是歷史上還是今日，很多人仕途不順，往往是命運使然，並非缺乏運氣。漢朝名將「飛將軍」李廣一輩子沒有封侯，王勃在《滕王閣序》中寫下了「馮唐易老，李廣難封」的名句，為他惋惜，後人也多因讀了這一千古名篇而為李廣抱不平。不過，客觀地評估，李廣雖然名氣大，但憑藉戰功卻難以封侯。李廣的運氣並不算差，不僅被匈奴人抓住能脫險，同時機會也不少，但是都失之交臂。因此，只能講李廣的命實在不好，為什麼？因為他看問題和做事的方法有很大的問題，比如，他貽誤了戰機，長官衛青派人去問話，他一氣之下就自殺了，這種處理問題的方式顯然有問題。再比如，他善於騎射殺敵，但是按照韓信的觀點，這只是匹夫之勇，不足以封侯。《史記》裡沒有記載李廣有效地組織大軍殺敵，雖然他有過這種機會。

李廣一生經歷了七十餘戰，但是沒有練就將才的基本素質（比如《孫子兵法》裡講的審時度勢等），說明他的思考方式有問題，也就是看問題、處理問題的方式沒有達到侯的等級（關於這段歷史可以看《史記．李將軍列傳》）。

和李廣相似的是三國時期（其實是東漢末年）的孫策，熱衷於逞個人之勇，結果被壞人所殺。這就是他的命，郭嘉早就算出來，孫策最終會死於宵小之手。孫策曾經有很多好運氣，但是再多的好運氣也改變不了他的命。

前段時間有則報導，說一群人一大早在馬路上「健走」，被一輛計程車撞了，造成一死兩重傷。網友們評論說「自尋死路」，其實這也是那些人的命，他們看問題的角度不是這樣做合不合適、安不安全，而是在馬路上別人不敢撞他們。如果大家看看周圍，這種不把自己的命當回事的大有人在，而這些人幾乎沒有一個混得像樣。

既然命運不是天生的，那麼一個人的命運又是怎樣決定的呢？讓我們來想像這樣一個場景：

如果有人在大街上搧了我們一個耳光，我們會做何反應？

所有的反應概括起來不外乎三種：第一種，一巴掌搧回去；第二種，認了，捣著臉走開；第三種，先冷靜分析，也許我們真該被搧，那就接受教訓，也許對方就是個混蛋，我們或許該叫警察，當然也可能日後會有人整治他，讓他記住教訓。

人生中總會遇到各種麻煩和難題，那就如同別人或者現實生活不斷地在搧我們巴掌。對待這些巴掌的態度和處理方法決定了我們的命運。比如上小學時，第一次考試沒有考好，怎麼辦？第一種方法是把考卷撕了，甚至把同學的考卷也撕了，這就相當於一個巴掌搧回去，甚至有的家長還幫忙搧。第二種方法是從此不學了。很多人告訴我，這輩子沒有學好，就是因為小時候老師破壞了他的學習興趣，這相當於捣著臉認了。當然我們都知道這是在找理由，為自己的不成器開脫。第三種方法是分析原因，或許該努力，或許老師改錯了考卷（這種情況是有的），或許老師不是好老師，或許家長考試前一天不該帶孩子去迪士尼玩……接下來根據不同的情況找出改進的方法，並且落實。

人一輩子被搧巴掌的情況和原因很多，各不相同，但是一個人對待它們的方法卻不會改變。習慣於搧回去的人一輩子都在搧別人巴掌，認了的人一輩子都在認了。英國著名首相柴契爾夫人喜歡講以下這段話：

注意你的想法，因為它能決定你的言詞和行動。

注意你的言詞和行動，因為它能主導你的行為。

注意你的行為，因為它能變成你的習慣。
注意你的習慣，因為它能塑造你的性格。
注意你的性格，因為它能決定你的命運。

這可能是今天所說「性格決定命運」的由來。其實決定命運的還包括習慣、行為及其背後的思考方式。思考方式出問題的人，命運之神是永遠不會眷顧的。前面提到的那些在馬路上健走的人，就屬於思考方式出了問題。

東方人愛走的另一個極端就是凡事都認了，當然大部分人會安慰自己說，「忍字頭上一把刀」，表示自己「內心強大」。比如在公司，某個主管就是小心眼，欺負他，工作都讓他做，但從不提拔他，很多人就想，自己應該更努力一點、勤懇一點，打動主管的心，但是主管還是會欺負他。這就相當於摀著臉認了。

很多逼孩子讀書的家長也是如此。我聽到一些國內的家長教育孩子，「爸爸媽媽沒本事，你好好讀書，將來就有出息了。」事實上，等到他們成了學霸、上了好的大學，才發現自己依然沒有機會。家長沒本事，就像挨了社會或者周圍人幾個巴掌，夢想著孩子將來成績好就能翻身，其實就是認了的表現。以認了的態度對待人生一道又一道的難關，就會不斷地被這個世界搧巴掌。命運其實在從小對待挨巴掌的態度時就已經決定了。

在美國，很多亞裔的情況也是類似。美國的大學不能公平地對待亞裔子女，分數的要求比其他族裔高很多，大部分家長就是認了的心態，讓孩子多考幾分。其實，考再多分也沒用，只會讓亞裔之間的競爭更激烈而已。解決問題的根本方式是要努力廢除歧視亞裔的《平權法案》，但是絕大部分亞裔家長一談到這件事就認了。二〇一六年，作家劉震雲在北京大學的畢業典禮上說，阿Q和祥林嫂是中國人的父母，其實他們都屬於被搧巴掌就認了的人。

人對巴掌的反應，其實決定了一生的命運。

當我們認清了決定命運的因素，以及古今中外各種智者、各種被命運垂青的人的思考方式，並能夠用它們來替代我們那種要嘛認了，要嘛魯莽地搧人巴掌的思考和行動，就會有好命。在中國今天的大環境下，成功的機率很高。在這樣的大前提下，我們有好的思考方式，懂得如何最有效地做事，想不成功都難。

本書講述了我對人生的看法，以及古今中外智者自我提升的智慧，思考如何成功地創造精采的人生。同時，我也就商業本質和未來世界，分享了我在職場晉升和投資等方面的經驗。當然，全書都是圍繞著個人精進這個主題。

第一章　幸福是目的，成功是手段

當一個人對社會產生了極大的正向影響力後，他不僅可以獲得物質（比如金錢）和精神（比如名譽）的財富，而且還有一種由衷的幸福感。

人生是一條河

由於一直堅持成功只是手段不是目的的生活態度，我不論多忙，每年夏天一定要休息一個月。最近兩年，暑期是帶著全家在奧地利的小城薩爾斯堡（Salzburg）度過的，因為在那裡可以欣賞到世界頂級音樂大師的表演。

薩爾斯堡在每年夏天都會舉行一年一度的音樂節，從六月底一直延續到九月初，長達兩個多月。每年，世界各地的音樂愛好者會雲集於此，在涼爽的夏日裡欣賞美妙的音樂，絕大多數世界級的表演大師和頂級樂團也要到此展示他們精湛的才藝。二〇一六和二〇一七年在那裡演出的世界級大師有著名指揮家慕提（Riccardo Muti）、巴倫波因（Daniel Barenboim），鋼琴家阿格麗希（Martha Argerich）、波里尼（Maurizio Pollini）、內田光子，以及著名歌唱家多明哥（José Plácido Domingo Embil）等。此外，著名的柏林愛樂樂團和維也納愛樂樂團每年都會來。而從表演者到欣賞者都到此朝聖的唯一原因，就是這裡出了一位音樂史上的奇才：莫札特。

莫札特是天才，如果整個音樂史上只評選一位天才，那麼非他莫屬。據說他三、四歲就能作曲（當然今天人們認為那可能是他父親替他寫的），不管這個傳說是真是假，但六歲他就為奧地利的特蕾莎女王（Maria Theresia Walburga Amalia Christina）表演音樂，並且親吻了她的女兒，美麗的瑪麗．安東妮公主（Marie Antoinette）。早熟的莫札特說要娶公主，但是薄命的公主後來卻嫁給了路易十六，並且伴隨她的夫君在法國大革命上了斷頭臺。莫札特只活了三十五歲，但是他作品的長度（按演奏時間算）卻抵得上年齡是他兩倍的巴哈。莫札特一生創作了四十一首交響曲，超過貝多芬和舒伯特交響曲的總和（兩人共十八首）的兩倍。當然，莫札特出名並不僅僅是因為多產，而在於他的作品品質很高，代表了古典主義時期的最高水準。

說到這裡，你可能已經開始嚮往莫札特了。不過莫札特生前卻不受人喜愛，無論是在他的故鄉薩爾斯堡，還是後來他生活的維也納。莫札特去世的時候，周圍除了他的妻子沒有一個親友。出殯時又遇上下雪，沒有一個人為他送葬，他的夫人只能找人將他草草安葬。等幾天後雪停了，莫札特的妻子想去替他立碑，卻已經找不到他葬在哪裡，今日莫札特的墓不過是一個衣冠塚。

但是歷史並沒有忘記莫札特，他的名聲遠播，走出了薩爾斯堡和維也納，走出了奧地利和德國，走到了全世界每一個角落。逐漸地，莫札特成為古典音樂的代名詞。

說到莫札特的影響力，我喜歡用河流比喻。一條河流的水量，按照長度、寬度和深度三個因素決定，一個人的影響力也是如此。具體來說，從事音樂的人大約有兩類。一類是像麥可．傑克森（Michael Jackson），擁有很多受眾，但是他的音樂比較淺顯，影響力也不是很持久，就如同一條很寬卻比較淺、比較短的河流。莫札特則正好相反，他的受眾不多，但是他的音樂有深度，影響力綿長持久，如同一條不寬卻源遠流長且很深的河流。雖然我們很難說哪一種河流的水量更大，但是隨著時間流逝，那種崎嶇蜿蜒的長河會持續下去，不會斷流，莫札特便是如此。雖然莫札特已經去世兩個多世紀，但他今日依然養活了故鄉薩爾斯堡的人，那裡唯一的產業就是音樂旅遊，甚至在三百公里以外的維也納和國境另一頭的慕尼黑也到處都是莫札特的影子，更不要說該地在朝聖者心目中的地位了。

人的幸福感來自影響力

為什麼會有人在意自己的影響力，因為這是幸福感和滿足感的來源之一。人的幸福感有多種來源，而且因人而異，比如男歡女愛、財富、成就和影響力都可以讓我們感到幸福。不過，學者認為，幸福感的本源只有兩個：基因的傳承和影響力。

人和其他物種一樣，都擔負著傳承基因的使命，因此當人們看到自己的生命可以透過基因一代代延續時，會不自覺地展開會心的微笑。不過這種幸福任何動物都有，人終究還有高於其他動物的追求，那就是他的存在和行為可以在世界留下烙印或者創造快樂。當我們得知自己的所作所為為世界帶來了或多或少的正面影響，就會產生一種發自內心的喜悅。而人的影響力則是由其作為的寬度、深度和長度所決定。二〇一二年，我又回到離開了兩年的谷歌，發現公司在很多地方已經改變了，甚至文化也變得不同了。不過我發現，當初寫的一些代碼略做修改和封裝後，依然廣泛地使用，其中使用率最高的一組演算法已經用在了上百個專案中。這時的幸福感遠不是錢可以換來的。

俄國文豪高爾基（Alexei Maximovich Peshkov）講過一句話：「給總比拿要快樂得多。」為什麼美國的富豪會大量捐款給大學、醫院和其他慈善機構，因為他們能夠獲得給予所帶來的幸福感。當他們看到自己的錢能夠在寬度、深度和長度上影響未來時，一定比賺到錢時感到更加快樂。相反，很多中國人不願意捐錢，因為看不到這種行為的影響力，捐了錢最好的結果不過是把名字刻在（大樓的）石頭上而已，因此並不能從中獲得幸福感，也就懶得捐了。一個社會要想增加民眾的幸福感，最簡單的辦法就是肯定每個人的成就，讓他們感覺自己是在給予。

很多人好奇我為什麼花這麼多時間寫作，其實套用幸福學的觀點就很好解釋。人生是一條河，每個人都希望自己這條河能夠更寬一點、更深一點、更長一點。要做到更深，需靠自己的修行和對世界的理解；而要做到更寬，則是要和志同道合的人共同做一些事情。比如我在「得到」APP開設《矽谷來信》專欄，其實便是借助「羅輯思維」的平臺將思想傳播得更廣泛；透過出版社出書，也是類似的目的。至於一種思想能否流傳得更遠，則要靠思想的價值，而這一點其實在短期內是很難知道的。

牛頓和貝多芬在世時已經被公認是偉人，而且也知道自己死後必將名垂青史，因此他們是幸福的；尼采在世時還沒有太多人關注，但是他有信心將來大家都會認識到他的偉大之處，從這個角度來看，他也是幸福的。但是，莫札特在生前則不同，每一天都是平平靜靜地寫曲子、演奏音樂，如此而已。今天沒有人知道莫札特是否像貝多芬那樣，在生前意識到自己將被後人冠以「偉大」的稱號，不過這已經不重要了，因為他的價值在後世被全世界認同。今天，我們更應該有莫札特的心態，認認真真地做好自己認為有意義的事情，或許幾十年後，我們早已不再做那些工作，但仍有很多人的生活或生命體驗會因我們曾經的工作成果而發生改變，那時我們肯定會從心裡綻開微笑。

這個世界沒有欠你什麼

自從我開通了訂閱專欄《矽谷來信》，很多讀者留言給我，大意是要我指導他們逆襲，同時流露出對社會千般的不滿。幾年前，中國幾家報紙以《十年寒窗苦讀敵不過一張VIP卡》報導了以下這件事：

國內一些銀行公開表示提供高端客戶的子女實習機會，這樣會對非VIP（貴賓）子女造成不公，因此引起社會上很多人發出感慨，說十年寒窗苦讀拚不過一張VIP卡，甚至有人說三觀[3]盡碎。

坦白說，文章所指的這些情況確實存在，全世界都是如此。銀行做為商業機構，逐利是必然的，沒有盈利能力，天天靠國家印鈔票補貼，才是坑了老百姓。至於銀行在平衡客戶關係和提拔寒門英才上應該如何拿捏，這是他們的問題，我不做評論。

3　大陸用語，意指世界觀、人生觀、價值觀。

不過，今天我要給那些指望透過十年寒窗苦讀就一下子翻身的人潑點冷水，因為那是不實際的。

寒窗苦讀只是一種讀書態度，這種態度是好的，但是社會競爭是一種非常複雜的長期競賽，寒窗苦讀是成功的因素之一，和經濟條件好、智商高、出身好、長得美一樣，都只是其中一個變數，而命運是多個變數互相影響的結果。這種因為寒窗苦讀所以全世界都欠你錢的觀點，早一天毀掉還比較好。

我知道，很多年輕人確實不容易，家境不好，父母能力也不算太高，他們縮衣節食供孩子讀書，畢業後也找不到好工作。看到大城市裡一些家境好的孩子從小就有更多資源，日後在社會上靠各種關係混得如魚得水，心裡很是不平。我也很想幫助他們，但是給一兩個人提供機會並不能解決大多數人的問題，這些人最後的命運其實要靠自己解決。接著，我就來聊聊怎樣解決。

首先，我們必須承認，任何社會都有階層。為了簡單起見，我們不妨假定社會分為一百層，站在金字塔頂端的是第一層，最底下的是第一百層。當然，有人可能會說，改革開放前中國很平等、不分階層，其實不是這樣的。一九八〇年代後出生的讀者可以去問問自己的父母，他們當時的感受。在那個時代，農村和城市之間有一條無法逾越的鴻溝，農民進城被稱為「盲流」。城市之間也分三六九等，我小時候去過綿陽市[4]，當時只有一條主要街道；一九七八年我回到北京，感覺如同劉姥姥進了大觀園。即使是北京，也有大院和胡同之分。那時交通倒不壅塞，馬路上的

4 今四川省第二大城市。

車行道除了有少量的公共汽車之外，其實是給極少數人的私家車專用的車道。開汽車和騎自行車的人；家裡裝了電話和沒有裝電話的人，是天上地下的區別。事實上，在任何國家、任何時代，社會都是分階層的。稍微好一點的社會不過是有一個上下層之間的管道，讓人員可以流動而已。我們今天所處的社會，可以說不僅是中國歷史上最好的社會，在全世界也算是相對公平的社會，因此才會有「逆襲」這個詞出現。處在底層的人，首先要認清楚這個現實，才能有希望。

逆襲是一個漫長的過程

其次，我們就來談談逆襲，逆襲者的目標無非是往金字塔上層走。沒有一個國家、一個社會，會每過兩年就把現有的金字塔打碎，然後隨機再建造一個，那樣的社會將會動盪不安。因此，即使經過了十年寒窗苦讀的人，也不要指望自己大學畢業時金字塔會被打碎，然後大家重新搶位置。所以我每次談到這個問題，總是希望大家都實際一些，不要期望一輩子能從第八十層上升到前十層。在美國，百分之二十最底層（按照經濟收入）的人，只有百分之四（也就是絕對人數的百分之〇．八）的人最終可以躋身最上層，這個比例非常低。因此，我們能透過努力往上擠幾層就已經很好了，而且只要方法得當，還是可以做得到。

那我們該怎麼做呢？

假設一個人目前處於第七十層，他相比第六十九層的人一定有明顯的劣勢，家境也好，智力也好，顏值也好，運氣也好，總之有差距。如果他努力的程度和第六十九層的人一樣，結果會如何？他頂多待在第七十層，甚至會跌到第七十一層，因為下面一層的人可能更努力或者遇到了更好的運氣，占據了他的位置。很多逆襲者的盲點在於，只看到自己的努力，而沒有看到別人的努力。另外，由於第六十九層的人占有某種優勢，因此他付出百分之八十的努力，產生的結果可能比第七十層試圖逆襲的人還要好。所以逆襲不成功是常態，成功的反而是少數。

慶幸的是，絕大部分人一生中的大多數時間是處在鬆懈狀態，達不到百分之八十的努力程度，這才給了逆襲者機會。不過，處在第十層的人可能只需要付出百分之十的努力，產生的結果就比那些第七十層的人付出百分之百的努力結果更好。因此，逆襲也要實事求是，「朝為田舍郎，暮登天子堂」的情況非常少見。美國商務部前部長駱家輝在當選華盛頓州州長時說，從他爺爺家到州長官邸只有一百公尺的距離，但是他們花了兩代人的時間才走到，說明逆襲是一個漫長的過程。

在你讀到下面這段文字之前，我先要聲明，我沒有絲毫歧視三本[5]大學學生的意思。

我去過中國很多所大學，從一本到三本。不管他們為什麼上了一本或者三本，但三本大學的學生普遍用功程度遠不如二本，而二本遠不如一本。我晚上在清華、北大和上海交大的校門口看不到什麼學生，因為他們在校園裡讀書。我在很多二本大學的校園門口，晚上看到的景象像是夜市。這是我看到的中國大學現況，如果我說得不對，請大家修正和補充。

真正的逆襲是什麼？我不妨講一個故事。

5 大陸學制。依照分數決定的錄取批次，在學校及科系上的等級皆有不同。

話說十八世紀末英國有一個人，按照今天大家在網上的說法是標準的草根，因為他前半生過得實在「催人淚下」。他出生於窮苦人家，沒有讀過書，十幾歲就在煤礦裡當童工，但是他很好學，後來成為一名機械工。雖然直到十八歲，他還不太識字，可是他知道，當個文盲，一輩子不會有出路，於是自掏腰包，拿部分工資去上夜校，每週三次，從不間斷。到十九歲，他才會寫自己的名字；到二十一歲，他可以閱讀並書寫簡單的書信。因為地位低下，他的戀愛和婚姻也一直不順利，最後娶了一個大他十二歲的鄉村女僕。和別人不同的是，這位技工很勤奮又有恆心，當那些藍領工人在工作之餘喝酒取樂時，他在研究機械、讀書和寫作業。

這位主人翁年輕時沒有過上一天好日子，他的太太為他生下一個兒子後便去世了，他不得不將幼兒交給自己的妹妹照顧。不久後，他的父親（也是名技工）因為職災而雙眼失明，也要靠他照料。不過靠自己的努力，他在三十一歲還是當上了礦場的技師。他終於有錢將自己的兒子送入學校，然後和兒子一起學習。他的兒子羅伯特和他一樣喜歡研究東西，十幾歲時，羅伯特讀了富蘭克林（Benjamin Franklin）做閃電實驗的故事，自己也做起閃電實驗，結果差點把房子燒了。

由於在礦場工作，當時礦場的瓦斯爆炸很頻繁，他就天天想著要發明一種礦場使用的燈泡，經過一番努力，他還真的發明出來了。不過，當時英國著名的科學家戴維爵士（Sir Humphry Davy）也幾乎同時獨立發明了燈泡，從此引發了長達幾十年的發明權之爭。我們的主人翁當時只是個普通的技師，而戴維是著名的科學家、英國皇家學會會長，也是世界上發現元素最多的人，有著顯赫的社會地位。因此，這場爭議對這位技師來講很不利。雖然礦主們都支持他，但這件事最後不了了之，這位技師沒有因這項發明賺到什麼錢。

如果換作你，你覺得該怎麼辦，抱怨社會不公平？或者認為自己這一輩子完蛋了，寄望於下一代（他當然也這麼做了，送孩子上大學讀書）？都不是。他對此並不在意，而是將注意力集中到另一項偉大發明之上。最終，歷史給了他一個稱呼：火車之父。講到這裡，你已經猜到了，他就是繼瓦特（James von Breda Watt）之後英國最偉大的發明家喬治．史蒂芬生（George Stephenson）。

我並不想寫勵志故事，恰恰相反，我是用史蒂芬生的故事說明我們的不足。對於那些試圖往金字塔上層爬的人來說，要做的不是抱怨社會不公，而是需要付出足夠的努力，同時把注意力放到最該關注的事情上。雖然我們常會抱怨社會階層固化，但是往下的通道永遠是非常寬的，只要稍微不努力或者多抱怨幾句，就能往下走幾層；相反，往上的通道即使再寬，往上走也是一件辛苦的事情，如果不能像史蒂芬生那樣看到自己的不足，並且用半輩子的時間來補強，又用半輩子的時間往上走，那麼能夠維持現有的階層已經要燒香了。

人生最重要的投資

很多人希望透過投資獲得財富自由，進而能夠生活幸福。然而，對於絕大部分人（包括大部分專業投資人）來講，在較長的時間區間上，投資的報酬不會比市場的平均值更高，而市場的平均報酬率不過一年百分之七～八。因此，對於那些辛苦賺死薪水的人，想透過投資股市或者其他事物來達到更好的生活並不實際，這一點我在前面已經詳細介紹過了，這裡不再贅述。

對於年輕人來說，投資自己和在工作上的進步，遠比在股市撈點錢或者向父母借錢買房子更為重要，也更靠得住。當然，還有一個和投資自己同樣重要、甚至更重要的投資，就是找一個好的配偶。很多讀者在《矽谷來信》的留言中問我這個問題，對此我也不吝於表明我的觀點。不過，在講我的觀點之前，我先介紹幾個「智者」對這個問題的看法。

成功人士都在意慎選另一半

金融鉅子約翰．摩根（John Pierpont Morgan）說：「一旦婚姻投資得當，你的事業也將隨之達到高峰。假如把婚姻視為兒戲，草率決定，隨之而來的懲罰將是離婚、精神折磨，以及存款金額銳減。」摩根這番話雖然是對他兒子說的，我卻認為對女生同樣適用。至於什麼是好妻子，他講了三個基本要求：迷人、有氣質、聰明。如果能具備這三點，就足以燒香了，其他的都不必苛求。不過，對於大部分人來說，這三個要求其實非常高了。此外，摩根還講了一個女性應該有的基本素養：不撥弄是非而且性格好。

著名投資人巴菲特（Warren Buffett）在很多人心目中也是偶像級的人物，實際上他在中國的粉絲比在美國還多，這可能是因為中國人對投資的話題特別感興趣。巴菲特也給了女生兩個擇偶的建議：第一，找一個比自己更優秀的人，因為在巴菲特看來，找一個不如自己的人是一輩子的麻煩；第二，趁著年輕的時候將自己嫁出去。巴菲特是一個未謀勝、先慮敗的人，結婚之初就先考慮萬一離婚怎麼辦。在他看來，找一個收入比自己低的人，將來離婚還得養他，實在不是一件划算的事情。事實上，我身邊一些優秀的女性就沒少吃這種虧。

另外一個名氣不如他們大的人，講的一些話我覺得也很有道理。這個人叫喬．沙皮拉（Joe Shapira），是 Jdate 婚戀網站的創始人。這家網站原本是方便猶太人找對象的（J 是猶太人 Jew 的首字母，date 在這裡是談戀愛的意思），由於成功率特別高，而且配對成功之後大家滿意度非常高，後來美國一些其他族裔的人也使用它，認為這是非常認真的婚戀網站。兩年前，沙皮拉在創辦一個新公司時來找我融資，言談中我問 Jdate 為什麼能成功，他告訴了我一個很少對外公開的祕訣。

切合實際才能找到理想對象

沙皮拉說，無論是男生還是女生，在找配偶時都有一些不切實際的幻想。假如給某個男生打個分數，比如七十分；當然沙皮拉講的不是具體的分數，而是比較綜合的考量，我用分數來說明問題比較簡單。根據他和Jdate網站的統計和研究，男生一般都會想找一個九十五分的女生。當然女生也不能簡單地用分數來衡量，這裡我只是為了說明問題。那麼九十五分的女生是否會搭理這個男生呢？不會！這種情況其實在中國也很常見，網路上總能看到「女神」、「男神」、「國民老公」這類的詞，實際上也反映出這種幻想。那麼八十五～九十分的女生是否會搭理他呢？有可能。但是他們交往是否能成功呢？也不可能！這種交往雖然可以開始，但是最後的結果卻是白費功夫。那麼這個七十分的男生，經過努力有可能成功配對的女生大致是多少分呢？一般是六十～八十分。沙皮拉說，其實他的祕訣非常簡單，就是在Jdate網站上，根本不讓七十分的男生看到八十分以上的女生！在這種情況下，這個男生就會覺得某個八十分的女生是世界上最完美的。當然，Jdate網站也以同樣方法對待女生。正是因為從一開始就沒有不必要的幻想，Jdate網站的配對才讓大家覺得特別滿意。我把沙皮拉的話重新詮釋一下，就是要合乎自己的特點，而且切合實際。當然，中國人擇偶是否和猶太人有相似性，我不敢妄下結論，不過我想這可以做為參考。

這些人的觀點，我大部分是贊同的，至少不反對。我常常和年輕人說，找一個對自己好的人非常重要。除此之外，我對男生和女生還分別有些具體的建議。當然，我要聲明在先，如果你是一位家長，我不希望你用我的觀點去約束孩子。對於孩子，我總是認為要給他們充分的自由，包括犯錯的自由。

聰明的女生才會欣賞聰明的男生

一個相當有智慧的人告訴我，「聰明人會欣賞聰明人，而且只有聰明人才會欣賞聰明人」。我觀察周圍的人二十多年，證實這句話是對的。對一個男生來說，特別是聰明的男生，他打動一個「漂亮而且聰明」的女生，要比打動一個「漂亮但不聰明」的女生容易得多！雖然中國人覺得郎才女貌才相配，但是一個漂亮的笨女生是很難喜歡上一個真正的才子的，這裡面的道理大家應該不難明白。當然，道理不完全等同於事實，但是在這件事情上卻是一致的。根據我在清華以及在後來的職場對很多男生（包括和我年紀相仿的，也包括我的學生和下屬）的觀察，那些自恃頗高的男生，挑女生時會先看相貌，以貌取人或許是人的天性吧。那些覺得自己的學歷很高、工作很有成就、經濟條件也很高的男生總是想，自己在那些既聰慧又美貌的女生面前多少有點害羞，但是對那些讀二本、三本大學的漂亮女生應該有很大的吸引力。然而結果完全不像他們所想的那樣，因為對方根本不把這些「才子」引以為傲的東西當回事。找聰明女生的好處有很多，比如從優生學上考量，母親的智力對孩子的智力影響比父親更大。如果大家希望孩子比較聰明，將來讀書不要太辛苦，最好找個聰明的女生。

漂亮的女生雖然不多，但還是有機會遇到的，可是遇到一個像摩根所說的「迷人、有氣質、聰明」的女生，就非常困難了。容貌靠遺傳，而魅力則靠培養。我們常說「大家閨秀」，其實是指她們從小受過良好的培養，才有了一般人所不具備的迷人之處。「羅輯思維」的首席執行官脫不花（李天田女士）說過，想了解一個女生二十年後的樣子，看看她的母親就知道了。當然，時代不斷進步，一代比一代強，孩子通常會比父母優秀，但是家庭和周圍環境對人的影響往往是深遠的。

除了迷人、有氣質、聰明，女生對戀愛和未來家庭的看法也很重要。婚姻是兩個人的事情，如果一個人心智不成熟，或者兩個人的價值觀和文化習慣完全不匹配，婚姻是難以長久的。那些永遠離不開媽媽或者原生家庭的女生，將來在自己的婚姻中會有問題。在這方面，男生應該有足夠的獨立性，並且承擔對未來家庭的義務。在一個完美的婚姻中，雙方都要明白關係的親密程度和重要性依次是「夫妻優先於子女，更優先於雙方父母」。如果承認這種優先順序，在妻子和母親同時落水時，先救妻子還是先救母親，就根本不是問題了。中國很多人認為，兩個人的結合就是雙方家庭的結合，而且小家和大家的邊界分不清，我對此完全不認同。這並不是什麼美德，只不過是農耕文化的產物而已。

我給男生的最後一個建議是，一個人，特別是年輕的時候，可塑性很重要。雖然我們常說喜歡一個人就要包容對方的缺點，但包容一天可以，一年可以，包容一輩子很難。幸福的婚姻不應該是一方包容另一方一輩子。具有可塑性的好處在於，雖然一開始有摩擦，甚至在很多方面有缺陷，但是這樣的人進步很快，磨合起來也很容易，將來日子會越過越輕鬆。我們都知道，今天看似完美的匹配，時間一長總會遇到矛盾，具有一定的柔軟性，彼此妥協解決問題、相互適應，才能過得長遠。

愛情和婚姻是兩件事

畢竟我有兩個女兒，因此對女生比對男生更關心一些。

大部分時候，愛情和婚姻對女生的重要性超過對於男生的重要性。雖然女權主義者可能反對這種看法，但是從基因的角度來看這是早就注定的，而且哺乳動物得以進化到今天，必然有其合理性。也正因為如此，無論是在文學作品中、還是在生活中，女生父母對孩子婚姻操的心比男生父母要多。在珍．奧斯汀的名著《傲慢與偏見》中，班奈特夫婦有五個女兒待字閨中，那可真是操心極了。在生活中，幾乎每個女生的父母都像班奈特夫婦一樣。當然，對自己婚姻和前途最關注的肯定還是女生自己。

世界上每一個女孩都有屬於自己的公主夢。在很多人看來，最理想的婚姻莫過於找到一個合適的人，從完美的愛情進到完美的婚姻。世界上確實有很多動人、完美的愛情，很多故事非常感人，不僅出現在虛構的文學作品中，比如中國的《梁祝》、英國的《羅密歐與茱麗葉》，而且在現實生活中痴情的男子也是有的。

但丁（Alighieri Dante）一輩子始終不能忘情他只見過兩次面的貝緹麗彩（Beatrice）。第一次見面時，貝緹麗彩還是一個小姑娘，但丁就愛上了她；第二次見面時，對方已經嫁人，而且不久後貝緹麗彩便病逝了。但丁為此終身遺憾，在他的《神曲》（*La Divina Commedia*）中，貝緹麗彩被刻畫為引導他的使者。

這類故事總讓人心碎，也讓人對專情的好男人有所期望。我在大學讀《神曲》時，不禁對佛羅倫斯心馳神往，想著有一天去亞諾（Arno）河畔的老橋（Ponte Vecchio），體驗一下但丁遇到貝緹麗彩的情景。與但丁相似，牛頓也被描寫為一個鍾情的好男人，他為了一個藥劑師的女兒一輩子沒有娶妻。在中國，也有一輩子想著林徽因的金岳霖。

不過，這些故事都有一個特點，就是以悲劇結尾。或許是因為悲劇的愛情沒有結果，才讓人有無限遐想，也讓人覺得如果悲劇不發生，結果一定是好的。但是，如果羅密歐真的娶了茱麗葉、但丁娶了貝緹麗彩，或者牛頓娶了藥劑師的女兒，又會如何呢？我們只能假設「結果會好吧」，僅此而已。事實上，完美的愛情並不意味著完美的婚姻。

在歷史上，富有傳奇色彩的茜茜公主[6]被劇作家們描繪成獲得了幸福愛情的人，然而在真實生活中，她的婚姻並不幸福，儘管她的丈夫很愛她。今天，有很多人在研究牛頓時發現，他對宗教和科學的興趣可能遠大於對女人的興趣，他如果真娶了藥劑師的女兒，後者或許一生都很孤獨。

講這些故事是要說明，婚姻和戀愛是不同的。戀愛是激情，是化學物質分泌所帶來的愉悅；婚姻則是由兩個人一同創造舒適的共同體，在那個共同體中，雙方都將受益。你可能注意到我用了「舒適」這個詞，如果用英文 cozy 應該更合適，只是我沒有找到非常好的中文詞語對應，或許

6 茜茜（Sissi）公主，奧匈帝國皇后伊莉莎白（Elisabeth Amalie Eugenie）的暱稱。

其中也包含了溫馨的意思。

一段完美的愛情，僅僅是一個好的開始，但過程並非總是完美。靠化學物質維持的激情不能持久，接下來要看在激情降溫後，是否能將激情化為溫情、親情。在這個過程中，不僅需要雙方努力，而且需要對方是合適的人，否則再努力也沒有用。

世上沒有老實的男人

我給女生的建議可能有點毀三觀，卻是事實。在中國，通常大家認為老實本分的男生靠得住。我們經常看到很多政治正確的心靈勵志文也向女生傳遞類似的資訊，以至於不少女生覺得，找一個自己可以控制，甚至有點窩囊的男生相對安全。

這個想法其實站不住腳。我想告訴女生的是：世界上沒有什麼老實和不老實的男生之分，只有對你好和對你不好的人，維持長久婚姻光靠對方老實是沒有用的。

我回想了一下幾十年來見過的男生，坦白說，沒有見到幾個真正老實的。相反，通常讓大家跌破眼鏡、出軌離婚的，大多數是公認「老實」的丈夫。而很多看似規矩的模範丈夫，包括一些在大家想像中應該是行為楷模的人，比如中青年學者、有頭有臉的公眾人物，暗地裡卻都愛慕年輕漂亮的女性，甚至一些人還利用自己的光環與身分和漂亮的女性維持曖昧關係，只是這些事情通常不為外人知罷了。等到某個人形跡敗露，讓媒體驚呼跌破眼鏡，但其實被發現的只是冰山一角而已。

很多人沒有出軌、沒有離婚，只是沒有膽、沒有能力，或是經過反覆考量發現做那種事情不划算而已。那有沒有真正對妻子特別好、特別忠心的男人呢？確實有，我也見過，他們大部分都是曾共患難的夫妻。不過那些男人並沒有被人貼上忠厚老實的標籤。可見，男人看上去老實和婚姻的穩固沒有什麼關聯。

講到這裡，讀者朋友可能會覺得我罵了很多男人。其實這不代表男人有什麼不好，或者道德低落，而是人的本性使然，或者基因為了延續自身而使人變成這樣。如果男性不好色，人類這個物種早就瀕臨絕種了。熊貓之所以成了瀕臨絕種的動物，就是因為牠們對「性」失去了興趣。

人類之所以不斷繁衍，其實基因裡都有好色的成分。不僅男人如此，女生也是。如果你注意觀察，會看到一些財富自由的女性，找的丈夫都很年輕英俊，而且很多大男人明明自己有高學歷，卻甘心賦閒在家。既然喜歡外表是人的本能，就不要強行改變，只能因勢利導，找一個對自己好的男人。

做比說更重要

對自己好，不能看對方怎麼說，而要看他怎麼做。不僅要看他在熱戀中如何對自己，也要看他如何對別人，以及能否長時間對自己好。在戀愛中的男人總是甜言蜜語，這或許是真心的，但是等到激情退去後，男人常常就不認帳了；而戀愛中的女生還是吃這一套，對方說什麼就信什麼。

在美國有個笑話。一個男生哄女生說：「妳知道『ABCDEFG』是什麼意思嗎？」女生說不知道。男生說：「A boy can do everything for a girl.」也就是「一個男生能為女生做任何事」，女生聽了很感動，就跟了他。用不了多久，女生發現事與願違，於是就指責男生。男生說：「後面還有三個字母沒說，IJK，I'm just kidding。」意思是「我是開玩笑的」。

比相信花言巧語更傻的是，那些不斷被同一個男人騙，還不斷給他機會的女生。有些女生說，寧可相信鬼，也不要相信男人的嘴，這話是有道理的。

看一個人是否對自己好，首先要看他的「婚姻觀」，也就是是否認可夫妻關係的重要性高於其他關係。我說過，中國人老愛糾結「是先救媽媽，還是先救老婆（女朋友）」。我首先希望女生不要問男生這個傻問題，因為這種問題實在讓男生不舒服，男生通常也不會誠實地回答。畢竟，女孩子總得大氣些。

如果妳是女生，我建議妳仔細觀察他，妳會發現他對這個問題的真實想法。如果他經常糾結這一類問題，或者找理由解釋為什麼他的家人比妳更重要，趁早對這種男生說「再見」，因為他將來永遠有藉口把妳犧牲掉。

當然，一個男生最終能否對妳好，還要看他有沒有這個能力。大部分男生都會描繪美好的未來，但是很多人根本無力實現。我說的能力不是指對方現在的經濟能力，那都是存糧，很快就花光，而要看他有多少創造未來的能力。比如，一個過於木訥而不諳世故的人，在「對妳好」這件事情上的能力恐怕比一個天天設法讓妳生活豐富的人要差很多。當然，一個男生具備美德和未來的價值（包括經濟上的價值）也很重要。

大家會問，怎麼判斷男生未來的前途呢？其實聰明的女生從來不缺這個本領，她們比較善於判斷男生未來的前途，而漂亮的「花瓶」卻常常判斷不清，最終會導致悲劇。我們常常說一朵鮮花插在牛糞上，很多漂亮女生因為圍著她轉的男生實在太多，而沒有足夠的判斷力，以至於看走了眼，最後選擇了一個很差的。這也從另一個角度詮釋了我所說的「聰明人會欣賞聰明人」。

如果一個女生有幸找到一個用行動對自己好，而且有能力在將來對自己更好的人，牢牢把握住他吧。中國還有句老話，「嫁得越早，嫁得越好」。這句話並非絕對，但還是有些道理。今天不會有人十幾歲就結婚，因此不需要擔心早婚，但是拖到三十多歲還不結婚就未必是好事了。

一位名醫告訴我，從生理的角度來看，女生嫁得早有非常多好處。今天很多人因為在職場上打拚，總是想著今後還有機會，事實上紅顏終老去，不如趁年少的時候好好享受生活。

我的這些建議都不算很具體，畢竟感情這種東西世界上七十億人就會有七十億種看法，完全看個人感受，而我講的也是一家之言，不過是給男生女生參考而已。幸福是要靠自己把握的。

先讓父母成熟起來

看到這個題目大家可能感到有點奇怪，我們常常說讓孩子成熟起來，為什麼說要讓父母成熟起來？原因很簡單，中國很多父母並不成熟。很多父母託人找關係要和我聊聊孩子的發展，我非常不願意給人這方面的建議，因為實在事關重大，有時礙不過引介朋友的面子，只好見面聽他們聊一聊自己的想法。大部分時候我聽完這些父母的介紹，發現問題不在孩子身上，而在他們身上。

二〇一六年年底，我在《矽谷來信》專欄寫了一篇〈先讓父母成熟起來〉，發表之後引起巨大迴響，有贊同的人，反對者自然也不少。但是不論持哪一種意見，大家都認可父母在子女成長過程中發揮重要的作用，也認可父母的局限會影響孩子未來的發展。而當時觸發我想要談談這個問題的原因，其實是一個有點八卦的新聞：張靚穎的母親透過媒體站出來公開反對女兒的婚姻。

關於這件事，媒體上已經有非常多的報導，我就不多描述了。簡單來說，張靚穎在微博上宣布將與男友馮軻結婚，她母親發表了一封公開信。信中述說了馮軻的不是，認為他不是一個可以讓女兒託付終身的男人，並反對這樁婚事。

張靚穎的母親講的是否屬實，我不知道甚至不太關心，因為那不是問題所在。這位老人的想法和做法是否有道理？我認為沒有！當然大家可能會問：「你連事實都沒有搞清楚，怎麼就亂下結論？」原因很簡單，首先，這不是一位母親該做的事情；其次，她的做法也不對，這正是我要講的。至於馮軻是不是好人，這是張靚穎自己的事情，更何況如我在前一章所述，男人是很難以好壞來衡量的。當然，我說的也未必正確，只是把自己對這個問題的想法陳述出來而已。

張靚穎母親對孩子的擔憂，我完全理解。中國很多父母都過分關心自己的孩子，生怕他們走錯路、吃虧，或者錯過什麼好機會。在我的《大學之路》一書出版後，很多父母找我聊他們的孩子，這些父母幾乎都是高知識分子、菁英階層和高級官員，他們的孩子並非上不了好學校，或者在職場發展不順利，恰恰相反，他們的孩子大多是在中國或者美國最好的大學讀書，進入世界知名的公司或者從事前途光明的職業。比如，很多孩子是在北大和清華，或者國外的史丹佛大學、卡內基美隆大學等著名學府讀書，而且也是在谷歌、微軟、亞馬遜，或者知名的投資銀行、大型諮詢公司等就職。這樣的年輕人在大部分人看來已經很有出息了，中國有一個專有名詞形容他們：別人家的孩子。但是他們的父母還是不放心，生怕他們選科系或者公司時吃虧，甚至在公司裡選錯了工作而吃虧。

遺憾的是，這樣過度的關心對孩子不僅沒有好處，還可能害了他們。我們不妨從下面三個角度來分析一下這個問題。

一、不聽老人言，吃虧在眼前

雖然中國有「不聽老人言，吃虧在眼前」的說法，這在兩千年幾乎一成不變的社會裡，或許有點道理，但在日新月異的今日社會，老年人的見識未必比年輕人更正確。如果我們相信社會整體上是進步的、往前發展的（而不是倒退），那麼年輕人的所知所得，就一定比上一代多。那些像螞蟻一樣的小公司，尚且有可能後來居上，超越已經非常輝煌、規模大許多倍的大公司，更何況一個新時代的人在接受更好的教育後超越上一代的人呢？小公司能夠超越的原因是理念更新，和大公司之間是新舊時代的競爭，舊時代一定競爭不過新時代。同樣的道理，如果兩個年輕人在社會上競爭，一個是新時代的思維方式，一個是父母傳遞給他們的舊時代思想，後者不免會敗落，甚至被淘汰。我在《大學之路》一書中說過，教育中最可怕的事情是，用上一輩的思想教育這一輩的人如何去迎接二十年後的未來。

二、是福不是禍，是禍躲不過

可能有人會問，如果年輕人跌倒了怎麼辦？或許我有點宿命論，但是我相信「是福不是禍，是禍躲不過」的道理。這不僅在投資上是個鐵則，在人的成長上也是如此。人不可能一輩子不跌倒，如果一定要跌倒，早一點比晚一點好。無論父母多麼正確，也不可能呵護孩子一輩子，孩子終究要長大。如果二十歲跌倒，有的是機會站起來，到了四十歲再跌倒，站起來就沒有那麼容易了。美國國父傑弗遜（Thomas Jefferson）經常說，要相信年輕人，相信未來。

對於自己的孩子，我從來沒有限制她們做什麼、找什麼樣的男朋友。大女兒對於自己未來的職業想法已經換了三次，我從來不過問，最後她告訴我就好。在我看來，年輕的時候跌倒沒有什麼了不起，能夠因此變得成熟反而是好事。有一次在她就讀的學院和院長談公事，談話間院長問起我孩子在學校的情況，選了哪些課程，我說我一無所知，但是我相信教授會幫她解決這些問題。那位院長頗為奇怪，我會非常仔細地和他談論學院裡一些教授的科研，卻不過問女兒的學業。我說，教授或許會覺得我的建議有價值，因為我過去負責過科研工作，但是我的女兒未必這麼覺得。雖然我知道她聽了我的建議在學業上或許會順利得多，但我並不打算強迫她聽我的意見，孩子的人生是她自己的，跌倒、走冤枉路都隨她去，好在年輕人總有犯錯的本錢，管多了只會添亂。我母親常跟我說，兒孫自有兒孫福，我想這是老人應有的智慧。

三、婚姻是兩個人的事，不是一大家子的事

最後一點，我是說給中國父母聽的。在現代社會，婚姻更多是兩個人的事情，而不是一大家子的事情。相比西方國家，中國父母比較愛干涉孩子的婚姻，雖然是出於好心，卻未必能發揮好的作用。三十年前中國人的婚戀觀非常簡單，父母那點成功的經驗放到今天早已沒什麼價值了，如果父母的婚姻都失敗了，再給子女出謀劃策就更顯得可笑了。雖然他們會說失敗是成功之母，但是沒有成功過的經歷，可能帶來的是另一次失敗，而不是成功。我曾經遇過一位各方面條件都不錯的職業女性，年紀已經不小，但婚戀就是不順利，後來才知道她背後有一個不成熟的母親和姨媽不斷替她出餿主意。

父母成熟起來的意義何在？只有父母成熟了，才能讓孩子有一個好的起點。父母應該明白，自己生活的年代比子女早了三十年，接受的是三十年前的理念，代溝是一定存在的。如果父母意識到這一點，就需要和孩子一同學習、一同成長。很多年前，當高中生和大學生都痴迷臉書時，已經三十五歲的賴利．佩吉（Larry Page）說，他不覺得臉書對三十多歲的人有什麼用。賴利．佩吉這樣思想開放的網路菁英尚且不能理解小十多歲的學弟妹的想法，更何況隔了一代的父母與子女之間呢！幾年後，我向年輕人詢問為什麼他們喜歡「閱後即焚」的社交產品Snapchat（一款照片分享應用程式），我發現年輕人的一些想法，年長十歲的祖克柏確實無法替他們想到。我的兩個女兒年紀僅僅相差六歲，使用網路的習慣就完全不同，在妹妹看來，姐姐使用的臉書和其他網路服務都是「老人家」的產品。後來，在接待年輕創業者時，只要他們做的是和年輕人有關的產品，我和合夥人都要讓孩子們來試用，然後談感想，因為年輕人有很多老一代人沒有的看問題的視角。

父母成熟，首先自己要不斷進步。父母是孩子最好的老師，孩子的觀察和學習能力其實非常強，父母身上哪怕有一點點壞習慣，孩子很容易就能學會。很多父母自己經常看無聊的電視節目，長時間打麻將，卻逼著孩子讀書，可以想像孩子讀好書的可能性不大。還有一些父母當著孩子的面彼此爭吵，或者和別人爭吵，這些其實都會影響孩子的成長。我的一位校友，自己創業非常忙，但是仍然把孩子教得非常好，後來孩子上了哈佛，我問他是怎樣解決孩子的教育問題，他說：「把孩子也培養成小創業者。」在上哈佛前，他的孩子組織了一個慈善組織，經營得不錯，在當地小有名氣。現在他的孩子雖然上學去了，這個組織依然在當地發展得很好，說明他當初做的事情很有前途。事實上，我的這位校友雖然事業非常成功，但是為人謙和，非常勤勉，他自己就是孩子最好的老師。

除了與時俱進和給孩子做好表率之外，中國這一兩代父母還要完成一個非常艱巨的任務，就是在觀念上從農耕文化的思考方式轉變為現代商業文化的思考方式。中國從一九七八年改革開放開始，僅僅用了三十多年的時間就走完了西方國家兩百多年的工業化道路，將三次工業革命壓縮到一次完成。雖然技術進步可以加速，財富累積時間可以壓縮，但是需要幾代人才能完成的觀念更新很難在一代人實現，處在這樣一個變革時期的家長要有意識地提升自己的認知。

想讓孩子成為菁英，自己要先成為菁英的父母

今天，中國依然有很多父母把孩子看成是自己的財產，不論多大都說孩子應該聽自己的話、孝順自己。這種認知其實還停留在農耕文化的時代。那時沒有健全的社會保障制度，大家族要互助合作，很多事情才能解決，養老就是最現實的問題。哪個大家族能夠做到幾代人和睦相處，就能在競爭中取得優勢。當然這種家長制不僅讓女性沒有地位，也大大限制了個人的發展。在今天，很多觀念不僅不合時宜，對孩子的發展也不利。如果能讓孩子從心裡尊重父母，在行動上願意和父母溝通，那麼比停留在形式上的孝順有意義得多。在當下，我認為父母和子女之間所缺乏的是彼此尊重和理解。我的母親和岳母在幾代人間的相互關係上都有兩個共識。首先，在我家，我和我妻子是主人，她們都是客人，因此沒有發言權。當然，到了她們家，她們便是主人，我們沒有發言權。其次，對我的孩子怎麼教育由我們決定，她們不多發言。很多人都說我們家的老人

很開明，但是她們並非一開始就有這樣開明的想法，而是靠自己不斷地與時俱進，以及我們不斷影響她們的結果。我或許應該慶幸，我的父母和岳母都很成熟。

然而父母不成熟，做子女的也有責任。很多年輕人總想著讓父母理解自己，也不想想父母在幾十年前接受的是農耕時代的觀念，如果自己不主動和父母溝通，這個代溝是很難跨越的。一些年輕人說，我經常打電話問候父母，其實這種簡單的問候，以及那些彼此已經重複說了半輩子的、關於自己家庭或者親戚之間的閒話，說得再多也無助於父母進步。年輕人應該把自己看成是成年人，用一種尊敬，而且是成年人之間的溝通方式和長輩說話，要不斷將自己接受的新思考方式和理念傳遞給父母。

我過去會把讀書心得告訴父母，把自己對時事的看法告訴他們，也會把我買的書給他們讀，然後一起討論裡面的事情。讓他們漸漸從我身上學到用另一種方式、一種三十年後的方式看待世界。我也會告訴他們幸福來自自身的感受，而這一點不會因為別人的祝福或者詛咒而改變。對他們最有意義的是，當他們有了新的理念，再去和他們的同事或者朋友溝通時，那些老朋友會羨慕他們，羨慕他們思想跟得上潮流。這個時候，他們會真心覺得自己的孩子在很多方面已經超越他們了。

我的大女兒高中畢業時，她的校長讓每一個同學寫封信給家長。我讀了她的信很有感觸，她除了表達感激之外，還講到一個觀點：「既然有白天就有黑夜，那麼我們不能夠因為喜歡白天就厭惡黑夜。因此，我們不應該由於自己對一件事情的喜愛，就不寬容別人做相反的事情。」讀到這裡，我真的感覺自己受教了，甚至覺得這不像是我過去一直認為長不大的孩子說出的話。

再回到張靚穎這件事情，她的母親在做法上還有兩個不明智的地方。首先，她把本該關起門來討論的事情放到公眾平臺上，讓誰都下不了臺。聰明人做事會留三分餘地，不能把自己逼到死角。其次，很多父母在勸說不動子女時喜歡搬救兵。換位思考一下，如果別人這麼對你，你會不會煩？如果自己會煩，何必要煩子女呢？何況還找了一堆網軍來給孩子施加壓力，更沒道理了。

在我周圍有不少來自農村或者底層家庭的子女，透過努力跨越了社會階層，很多已經成為社會菁英。我接觸過那些朋友家裡的老人，發現他們有三個共同點。首先是大氣、開朗，不斤斤計較，不倚老賣老。其次，雖然他們自己受的教育程度不高，但是學習欲望強烈，願意嘗試新的東西、接受新鮮事物。有一次，一位過去長期生活在農村、現在到美國看望子女的老人和我說：「你們（指我和他的孩子）也不比過去年輕了，多保重身體，注意飲食，少吃紅肉（指豬牛羊肉）。」我聽了他最後一句話覺得很奇怪，這位老伯一直生活在農村，怎麼會知道要少吃紅肉這件事，這是一般美國醫生給人的建議，很多中國老人覺得冬天吃羊肉是大補。於是我問他怎麼知道這個常識的。他說，來到美國後，醫生給他新的飲食建議，雖然和他過去幾十年的經驗不同，但是他覺得有道理就接受了。可見，一個人是否願意接受新的知識，在於是否有開放的心態，而非過去的教育程度。雖然那些老人在物質上不富有，但是在精神上會不斷給予子女支持和鼓勵。同樣是上述這位老人，當兒子在美國打拚最辛苦的時候，他一直對孩子說不要有後顧之憂，孩子留在美國還是回到中國他們都支持，也從來不伸手向孩子要錢。生長在這樣家庭裡的孩子是幸運的，因為他們能有一個不錯的起點。

孩子在某種程度上是放大了的父母，要想讓他們有出息，父母先要成熟起來；要想讓孩子將來成為菁英，自己要先成為菁英的父母。

向死而生

我知道這個話題有點沉重，因為是關於死亡，不過這是我從家父過世後一直採取的生活態度。這種態度，不僅沒有讓我的生命縮短，還讓我工作和生活都比較有效率。

我在大學時有一位非常幽默的同學，他有一次騙外籍教師說：「秦始皇有一句名言：好死不如賴活著。」我們當時聽了都哈哈大笑，覺得他真能瞎掰。但是笑過之後我仔細想想，他說得確實沒有錯，史書中雖然沒有記載秦始皇說過這句話，但是秦始皇的行為卻表明了這就是他的想法。我並不是說秦始皇愚昧，因為古今中外很多人都有類似的想法。在美國，醫學院是獲得捐贈最多的地方，因為人都怕死。甚至有些富豪死後讓人將自己的屍體冷凍起來，以便將來醫學更發達了自己還能復活。至於谷歌半人半仙的「科學瘋子」庫茲魏爾（Ray Kurzweil）天天吃一把維他命，堅持要活到他所謂人可以永生的年代，更是荒唐。二〇一三年，谷歌成立加州生命公司（Calico）。當時，大家私下都在聊為什麼佩吉會同意投鉅資（第一筆投資就有十億美元）做這件谷歌並不擅長的事情，谷歌全球研發總監兼上海地區負責人郤小虎就開玩笑說：「人有了錢，就想長生不老。」果然，那個星期的《時代》雜誌（*TIME*）就發表了類似題目的封面故事：〈谷歌是否能讓人不死〉。

今天雖然絕大部分人不想死，但是不得不接受一個現實，就是人不得不死。一些富豪雖然投入鉅資試圖找到導致衰老的基因、逆轉衰老的趨勢，但是在可預見的未來，這種努力是不可能有結果的。我曾經請教過約翰．霍普金斯大學、麻省理工學院、人類長壽公司（Human Longevity）、NIH（美國國家衛生研究院）、基因科技（Genentech），以及加州生命公司的一些頂級專家，詢問他們透過基因編輯或者基因修復是否能讓人的壽命突破目前的極限（最新研究表明，正常人壽命的極限基本上是一一五歲[7]），答案都是否定的。用他們的話講，衰老到最後就是人類身體全面崩潰，就像一面千瘡百孔的牆，即使能修好一兩個基因，也不過是堵住了一兩個小洞，對那面要倒的牆沒有多大幫助。因此，人到了年齡，諸多毛病遠不是修復一兩個病變基因就能解決的。庫茨魏爾說要堅持到人能夠永生的那一天，可能只是安慰自己罷了。

活得有意義，就不畏死的恐懼

從哲學的角度來看，死亡其實並不可怕。我最早認真思考這個問題，是在父親病重時，因為第一次感覺到死亡離我非常近。我讀了愛因斯坦（Albert Einstein）和他朋友的一段談話，這位物理學家是看穿了時空的智者。他說，人對死亡的恐懼有點莫名其妙，我們站在「有」的世界，試圖理解「無」的問題，按照「有」的邏輯，對「無」產生恐懼。這句話不是那麼容易理解，不過

7 Xiao Dong, Brandon Milholland and Jan Vijg, Evidence for a limit to human lifespan [J/OL]. Nature, 538: 257-259 [2016-10-13]. http://www.nature.com/articles/nature19793.

你會慢慢體會它的含義。

人如果不想在「有」的世界對「無」的世界產生恐懼，就要採取一些有意義的行動。梁實秋晚年感嘆：「人一出生，死期已定，這是怎樣的悲傷，我問天，天不語。」這未免有點傷感，對於宿命，我更喜歡周國平的態度：「這個世界大家其實都在排隊沿著一條路往前走，停不下來，走到盡頭就是死亡（至此和梁實秋講得差不多）。這時，有些男人和女人搭上了話，開始說笑起來，更多的人參與進來，整個隊伍便充滿了歡樂。」我想，生活其實應該是這樣。

俗話說，除死無大難。父親過世後，我對這句話體會非常深。每當遇到困難、挫折和失敗，我就想，沒關係，我還活著，活著就有希望。金融危機的時候，我曾經一天損失百分之二十的財富，而且一連幾個月「跌跌不休」。周圍的人，包括替我們打點財務的專業人士，都急得像熱鍋上的螞蟻，慌得六神無主，而我照樣吃得好、睡得香。我跟他們說，沒關係，我們還活著，只要活著，就有希望。每天早上醒來，我看到一絲亮光，就從心裡感激上蒼，我今天還活著。

生命有限，只做無可取代的事

活著總要做些事情，但是考量到人最終還是會死掉，就應該明白我們並沒有時間什麼事情都做。至於做什麼事情，我的想法常常和別人不同，我是倒過來思考這個問題的，或者說向死而生。首先，我並不奢望活得比我父親長很多，因此我很容易算清楚這輩子還有多少天可以做事情。其次，我把要做的事情，從最重要的開始，列一個清單，然後從清單上最重要的事情開始做。有些事情看似很重要，但是仔細想一想，其實也是可有可無，站在一生的角度來看，放棄了也無大礙。至於什麼事情必須做、什麼事情可以不做，我常常與他人的想法不同。那些要占據我很多時間，但是對社會、歷史並沒有太多增益的事情，我便捨棄了。一些人問我為什麼離開騰訊、離開谷歌，他們有各種猜測，其實，那些事情沒有我做，也有別人能做，但是卻要占據我的時間。而有些事情，只能我來做，包括將一些知識、一些感悟，用通俗的文字寫出來。在我的清單上那些屬於我的事情，比別人可以取代我的事情重要得多。這個清單上的事情要全做完，可能需要生命兩倍的時間，我只爭朝夕地做尚且來不及，又怎能不推掉那些可以由別人來做的事情呢？

我每次到中國出差辦事，總有很多人問我，能否抽出一兩個小時聊一聊，或者吃個飯，我通常都會回絕。可能有人會覺得我不給面子，對此我也懶得解釋。我考慮問題的出發點很簡單，我的生命有限。那些希望我給面子的人，在他們看來只是花一兩個小時的時間，在我看來，卻是被拿走了一部分生命。為了不讓夾在中間當傳話筒的朋友為難，我立了一個規矩，有事找我可以，我會根據重要性安排，應酬就免了。我想等他們臨近生命終點時，會明白這一點，並非我不給面子，而是生命太寶貴。

延長生命從珍惜每一天開始

生命既然那麼可貴，每個人都希望能夠長久一點，哪怕多一兩個小時都是好的。但是，絕大部分人在希望延長一點點生命的同時，常常忽略了延長它的代價。絕大部分得了絕症的人，為了多活一兩週，花掉的醫藥費超過他過往一生醫藥費的總和。當然，這有時並非病人的意思，而是家屬的決定。相比之下，美國人對生死比較看得透，或許和不少人信奉基督教有關。

美國稍微有點財產的人，都會在非常年輕的時候立下遺囑，其中律師都會問一條，如果明知無法搶救，是否還要搶救。大部分立遺囑的人都說不要。中國人出於孝道，那怕傾家蕩產都要延長那一點點生命。美國人雖然不講究孝道，但是出於情感也不能見死不救，除非當事人在清醒的時候立下遺囑表示不要做那種徒勞的努力。基因科技公司的科學家告訴我，對於癌末患者，即使新發明一種特效藥對他們的病有效，也只能延長二~四個月而已。因此，醫學家普遍認為，與其生不如死地多活兩個月，不如用這個錢把人生活好。

絕大多數人都過分看重最後的一兩週，而忽視前面的幾十年。在健康的幾十年裡，人們浪費掉的時間又何止兩週？子女把喝酒聊天刷手機，或者無所事事的時間省下百分之一陪父母，就能有幾個月的時間多盡孝道。父母把自己忙工作的時間抽出百分之五陪子女，享受天倫之樂的時間無形中多了不知多少。甚至只要每天開車和坐車時想著繫安全帶，人的平均壽命就能延長兩~三週[8]。因此，珍視生命，從平時一點一滴做起，就等於延長了壽命。

一位基督徒曾跟我說，他父親走的時候很平靜，老人說，死亡是人對社會的最後貢獻。我雖然不是基督徒，但我想在我生命的盡頭，也會對周圍的人講這句話。的確，沒有個人的死亡，就

8 根據世界衛生組織資料推算的結果。中國二〇一三年每十萬輛車交通死亡人數為一百人，即百分之〇．一（大約是美國的十倍），相當於減少人均壽命三週左右；而如果繫安全帶，死亡率能下降百分之九十。

沒有整體的發展。凱文．凱利（Kevin Kelly）說，只有一種細胞不死，就是癌細胞，但是整個有機體會死掉，然後它也會死。如果人不死，社會就會死亡，最終每一個個體也難逃死亡的厄運。有生就有死，這是宇宙的定律。《自私的基因》（*The Selfish Gene*）一書的作者道金斯（Richard Dawkins）則從另一個角度論述了死亡的必要性。他認為，我們不過是基因的載體，所有物質（包括人）的生命，都是基因為了延續和進化而存在的。從這個角度來看，人的生命真的沒有那麼重要。在有限的生命中，如果能夠將遺傳的資訊傳遞下去，再將創造的資訊（知識等）流傳下去，人的生命就已經相當完美了。

當我們想到生命的意義，站在一生的高度過每一天，就能活出精采！

第二章　人生需要減法

人的天性是喜歡增加而不喜歡減少，喜歡獲得而不喜歡捨棄，但是，很多時候減少和捨棄會讓我們過得更好。由於這種做法有時違背天性，因此很多人做不到，當然，這也就給了那些能做到的人更多機會。

不做選擇的幸福

我在第一章聊了幸福的重要性，那麼是否選擇越多越幸福呢？其實未必。我們先來看一個大家頗為關注的現象：為什麼印度人在美國，乃至全世界跨國公司中擔任高級主管的人比中國人多呢？

在一般的認知中，中國人和印度人都比較聰明、用功，起點也差不多。最近這些年，由於中國經濟的發展，中國人的起點甚至還略高一籌。然而到目前為止，印度移民在美國大公司中當首席執行長的非常多，比如微軟的執行長納德拉（Satya Nadella）、谷歌的皮采（Sundar Pichai，但如今谷歌是Alphabet的子公司，而Alphabet的首席執行長是賴利．佩吉）、花旗集團的前首席執行長潘偉迪（Vikram Pandit）等，而中國人做到這個職位的人還真的沒有。再往下一級，即擔任《財富》五百強公司副總裁的印度人也比中國人多很多。加州大學柏克萊分校和史丹佛大學的一項調查表明，截至二〇一二年，印度裔人才領導的公司占了百分之三十三．二，這個數字目前還在增加，而在矽谷的人口數量中，印度裔只占了百分之六。對此很多人認為是印度人吹牛，結黨打壓中國人。這種說法不能說完全沒有道理，但是如果一個族群只會吹牛，應該很難不斷晉升高階主管，而且還能長期做下去。因此，客觀理性的人會尋找更合理的解釋，比較流行的看法包括以下幾種。

首先，不少人認為，比較大公司裡印度人還是中國人當高級主管的多，就像是比較蘋果和橘子。印度人比中國人早了半個多世紀走向國際，如果按照時間來看，中國人走向國際三十年後，平均表現絕不比走向國際三十年時的印度人差。

其次是語言，印度人的英語交流能力比中國人好。雖然印度人講英語口音很重，但是其他英語系國家的人聽起來沒有問題，就如同大部分中國人聽山東話和河南話都沒有問題一樣。但是，中國人除了極少數有語言天賦的人講英語和土生土長的美國人差不多，大部分人多少都有點問題，不僅有口音，而且因為詞彙少，表達意思不夠準確，因此大大限制了交流能力。此外，中國的教育重理輕文，使得中國年輕人理科程度不錯，但是表達和寫作能力欠缺。

再者，在意識形態上，西方國家對中國多少有些防範，但是他們並不認為印度是威脅，這也讓印度人和中國人競爭時占了便宜。不過這些原因雖然能夠解釋印度人在跨國公司裡比中國人當高級主管的人數多、比例高，卻不能解釋為什麼美國本土的菁英在職場上也常常競爭不過口音很重、對美國文化了解不如自己的印度人。

芝加哥大學商學院的奚愷元教授從幸福學的角度提出了一個我認為頗為合理的解釋，那就是印度人缺乏選擇，以及因不選擇而產生的幸福感和成就感，幫助他們的菁英在職場上取得成功。事實上，印度人無論在婚姻還是職業上，選擇往往比其他族裔少，而且少得多，尤其是在婚姻方面。

沒有選擇，更能好好經營

今天，在世界各國，男女大多是透過自由戀愛走入婚姻的，印度人的婚姻卻非常奇葩。除了非常少量的人像我們一樣透過自由戀愛的方式結婚，大部分印度人還是採用古老的擇偶方式，簡單講有點像中國古代的父母之命、媒妁之言。更要命的是，婚姻雙方需要門當戶對。在歷史上，印度曾是階層固化的種姓社會，不同種姓之間是不能通婚的。雖然今天印度從法律上廢除了種姓制度，但是在習慣上它的影響力是根深蒂固的。我孩子就讀的學校有不少印度裔學生，他們的家長在聚會時會根據種姓區分，高種姓的人是不接納低種姓的。

印度的種姓制度遠比中學歷史教科書裡介紹的複雜。雖然按照此種劃分方式，印度人分成了婆羅門、剎帝利、吠舍和首陀羅四個階層，但是在每個階層中還有進一步的細分，不僅有橫向的劃分，還有縱向的劃分。全部算下來，印度不同的種姓有十幾層、幾十種。在任何社會裡，處在金字塔頂端的人總是比較少的，因此高種姓的子女找配偶的選擇特別少，就如同日本皇室可選擇的婚配對象非常少一樣。印度人一旦結婚，無論男女，基本上只能從一而終，因為雖然沒有離婚限制，但是離婚後再選擇的空間就更小了。因此，印度人對婚姻基本上是認命的態度。

接下來問題來了，這種結婚前彼此缺乏了解的婚姻能否幸福呢？根據美國學者的研究，印度人對婚姻的滿意程度並不比美國人差，同等收入水準的印度人，幸福指數遠比美國人高。在美國的印度人，對婚姻的滿意程度和整體幸福感遠遠高於美國平均值，離婚率則在各個族裔中是最低的，即使從事餐飲業、計程車司機、收銀員和其他簡單服務的中低收入印度人也是如此。通常我們認為，有更多選擇就會過得更幸福，但事實並非如此。印度人對婚姻沒有選擇，只好更細心地經營婚姻和家庭，反而比那些只注重選擇、不注重經營的美國人要幸福得多。美國蓋洛普（Gallup）等民調機構在進行國民幸福指數的調查時，還發現了一個有趣的現象，離婚的美國人，在離婚五年後的幸福感（無論再婚與否）並沒有比離婚時高。當然，打離婚官司的律師不同意這種說法。

人們的經濟收入通常會在成功選擇職業或者更換公司後有較大幅度的提高，但是人的幸福感和成就，卻不是來自不斷地選擇，而是在沒有多少選擇的情況下深度經營的結果；這種現象可以稱為「不選擇反而獲得幸福」。

把精力都花在選擇上，反而難以精進

對於印度人，他們不僅在婚姻上沒有選擇，在工作上大多也是如此。

印度雖然近年來發展很快，但是依然非常窮，社會菁英透過讀書或者工作移民到新的國家之後，幾乎不可能再回到印度，除非遇到極少的機會被派遣回國，代表跨國公司管理印度的分公司。當然，極少數出身於名門望族、在印度有廣泛人脈的年輕人除外。由於沒有退路，絕大部分到了美國的印度人，只好死心塌地在新的國家經營好自己的工作，並且在並不寬的晉升管道挖空心思、絞盡腦汁往上爬。印度男人在生活上也沒有太多的誘惑導致分心，另外，由於女性在婚後常常不上班，承擔了教育孩子和管理家務的工作，也讓男人有更多時間花在工作上。當然，這也讓他們在職場上比較有競爭力。相比之下，美國人在自己的主場有太多選擇，不僅婚姻上如此，工作上也是這樣。因此，很多美國人不僅有選擇困難症，也就是「挑到眼花」，而且常常不能專心在一家公司、一個領域做較長時間。我們常說美國人瀟灑，但瀟灑的另一面卻是不夠執著。

非常有趣的是，如果你給印度人非常多選擇，他們也會和美國人或者中國人一樣犯選擇困難症，甚至在職業上的表現遠達不到應有的水準。我身邊就不乏這種例子。

最早進入谷歌的幾位印度科學家都特別有能耐，他們以前要嘛是大學教授，要嘛是搜索領域公認的頂級專家。這些人在公司裡資歷老、人脈廣，應該能獲得更多的升遷機會，但是實際情況卻不是這樣，他們升到一定的職位後就再也上不去了。但他們不是因為機會太少，而是因為可選擇的機會太多。

二〇〇三年，谷歌還沒有上市，就在班加羅爾（Bangalore）開設了印度工程院，這個研究院主管一職自然被一位資格最老、當時職位最高的印度裔研究員拿走了。這個人到谷歌之前在學術界已經非常有名，在谷歌的貢獻也非常大，得到上下一致的認可。回到印度後，這位主管拿著美國級的薪水，過著帝王般的生活，這本來是他想要的。然而，由於當時印度團隊的研發水準很低，專案無法展開，加上孩子要上學，於是他為了自己的前途著想，兩年後又跑回谷歌總部，搶走一個比較重要的新項目。有了新項目自然要大舉招人，而在美國招人不可能太快。這時，他發現自己交出去的印度團隊，已經從當初的十幾人變成了幾百人，他招進來的印度本土員工職位已經升遷了不少。於是，為了獲得更多人力資源，他又跑去和印度團隊合作。當然，以他的資歷還是招到了很多人，讓他的專案得以展開。不過很快，谷歌又在其他國家開設了分公司，他利用之前為谷歌開辦研究院的經驗，又跑到世界各地幫助開辦新的辦公室。總之，他獲得了很多他人沒有的機會，但是一旦有了選擇，他在接下來的十多年裡，就一直在做選擇，而無法專心經營一件事情。到後來，他的下屬職位變得比他高、承擔的計畫也比他大了。

另外幾個印度老員工情況也很類似，每次公司擴張有了新的機會，由於他們資格老，這些好機會就優先給了他們，包括到谷歌新成立的西雅圖分部、蘇黎世分部擔任主管。他們每次做出新的選擇，看似獲得了更好的機會，但是也要失去一些原有的東西。於是他們又重新選擇，最後無一例外，都是十幾年如一日地在原有的職位上踏步。今天，在谷歌職位很高的印度人，包括首席執行長皮采，反而是比較晚進入公司，來了以後沒有選擇，只好在職場金字塔上老老實實爬樓梯的人。

相比印度人，在美國的中國人選擇太多了，尤其是在大公司就職的中國人，這是因為中國發展快速。很多人從美國名校畢業後，在一個大公司裡工作幾年，如果表現得好，會被提升一兩次，他們原本應該繼續努力發展，但是很多人會被發展更快的中國公司挖走，以至於很多人想的不再是努力工作獲得晉升，而是如何巧妙地用在美國和大公司的經歷包裝自己。很多人利用越來越多跨國際中資公司在海外設置分公司的機會，很快從基層工程師或者產品經理，搖身一變成為中資公司海外機構的總監或者部門負責人。稍微不濟的也可以回國找份好差事，拿到的薪水待遇比美國高一倍不止。既然有這麼多機會，還有必要在一家公司、一個領域長期努力嗎？

不僅在職場如此，中國人在海外學術界的發展也堪憂。一九八〇年代到美國的中國人，回國的很少，基本上一心一意在美國發展，其中很多人在美國的一流大學裡做了教授、系主任，甚至很多人還獲得了該領域的大獎。但是近年來，中國留學生能夠在美國一流大學裡立足並快速發展的人越來越少，一方面是因為中國吸引歸國子女的政策發揮了作用，另一方面是選擇太多，導致人心浮躁，不願意長期在一個地方、一個領域努力經營，而做到一流是需要時間的。

很多時候，我們把太多精力花在選擇上，而不是經營上，導致難以精進。或許少些選擇，能更加聚焦，也讓我們更幸福、更成功。

做人與作詩：我們需要林黛玉

中國人對林黛玉並不陌生，即使是沒有完整讀過《紅樓夢》的人，也在影視作品中見過林黛玉，或者聽說過她。林黛玉是一個讓我想哭的人物，在世界那麼多文學作品中，能讓我產生這種感覺的角色還不多見。在所有小說中，我覺得最淒慘、最難過的情節是三個年輕女性的死亡：黛玉之死、晴雯之死和《簡愛》中簡愛兒時的朋友海倫之死。而晴雯在某種程度上則是黛玉的縮影。

我第一次讀完《紅樓夢》是在高考複習期間。那時晚上看書看到十一點鐘，覺得該放鬆一下身心，於是就讀《紅樓夢》。等到高考結束，這套巨著基本上也讀完了。《紅樓夢》的內容非常豐富，但並非所有內容對年輕人都有吸引力，因此，我讀第一遍的時候，實際上只是關注到寶、黛、釵之間的愛情故事。我不知道有多少十幾歲的年輕人（尤其是男生）第一次讀《紅樓夢》就能馬上喜歡林黛玉，我在第一遍讀《紅樓夢》的時候，對薛寶釵的印象更好些。這種看法恐怕和今天很多人對黛、釵的評價類似，大部分人認為黛玉多病、多心、多疑、小心眼、尖酸刻薄等，而寶釵則顯得知書達理、善解人意、心胸開闊。今天，很多男生都喜歡健康、性感的女性，這樣一來寶釵是最合適的，因為這些特質和黛玉根本無緣。不僅男生如此，很多女生也成天在想，如何讓自己變得性感。一位容貌絕代的年輕女性曾經問我，如何讓自己更性感。我說妳已經夠讓人驚豔了，但是外貌之美終不如舉止優雅、腹有詩書。她似乎沒有聽懂我的意思，我想她恐怕也未必能懂得黛玉。

社會的靈性來自用生命作詩的人

對黛玉改變看法是讀了很多遍《紅樓夢》之後，並且對生活體會也比較深刻。除了能夠體會她的淒美、敏感和善良，還能夠理解身世造成她諸多的不是。當然，這些還不足以讓我喜歡她，真正讓我喜歡上她的原因，是她代表了一種作詩的性格。什麼叫「作詩的性格」？不妨先看看和她對照的寶釵。寶釵是做人的性格，這個比較容易理解。

我們今天常講「會做人」，在職場裡其實就是情商高，這很具體，也是現實生活中大家喜歡的優點。但是，在文藝作品中，會做人只能算是特點，雖然有好的一面，卻顯得俗氣，寶釵就是這樣。作詩的性格則相反，只要意境、浪漫、唯美和理想，同時不失率真，對世俗的美德不屑一顧。為了理解這一點，我們不妨看看《紅樓夢》中的一個段落。

在《紅樓夢》第二十回裡，史湘雲當面對林黛玉說：「妳敢挑寶姐姐的不是，就算妳是好的，我不如妳，她怎麼不及妳呢？」林黛玉聽了當時就「冷笑」道：「我當是誰，原來是她，我哪裡敢挑她呢。」後來還是眾人勸解開來。

黛玉的冷笑說明了一切，她根本看不上寶釵「會做人」的俗氣。而眾人來勸解，說明他們的境界和黛玉不同。在整個賈府裡，能夠懂得黛玉的只有寶玉一人。黛玉是作詩，寶釵是做人；黛玉有靈性，寶釵有美德。

在現實生活中，我們需要會做人，光有作詩的性格不見容於世，這一點無庸置疑。但是，世界上不能缺少黛玉這樣以生命作詩的人，否則一個社會就是庸俗的社會，一個國家就是庸俗的國家。

林黛玉雖然年紀輕輕就死了，但是她這種以生命作詩的精神在一代代年輕人的心裡生根發芽，而我們的生活中才有了「浪漫」二字。因此，從這個意義上來說，林黛玉不曾死去，因為她化作雨神，沁潤到每一個少男少女心裡。作詩的性格在文明發展的過程中不容小覷。如果我們追溯歷史可以看到，正因為中華民族多少還有點作詩的性格，才有屈原、李白、李商隱這樣的人。而在世界歷史長河中，也不乏像林黛玉這樣以生命作詩的人，像貝多芬、托爾斯泰、梵谷、海明威等。在西方詩人中，我更喜歡雪萊、拜倫和濟慈，而不是歌德，前者都是以生命作詩，而歌德活得太實在。

人類社會有時太講究功利，太講究做人，縱有金山銀山，也顯得乏味無趣。我被很多「成功人士」拉進了各種微信群，雖然不發言，但是可以看到大家在說什麼、做什麼。讓我感到絕望的是，那些群裡的菁英經常只做兩件事：生日發紅包和公司有了好消息（比如公司上市，成為某大公司的戰略合作夥伴，或者當選什麼榮譽職務）發紅包。當我們的菁英變得只會做人之後，社會就沒有了靈性。一位中國最有名的大學校長問我，學校在培養人才方面還有什麼可以改進之處，我說，我們的畢業生太無趣了。

人類的特質在於為理想燃燒生命

社會的上層如此，中層和底層也是如此。在網路上，不乏把自己標榜成左派的鍵盤俠，其實他們哪裡懂得什麼是真正的左派。在兩次世界大戰之間，出現了一大批真正的左派，他們是以生命寫詩的人，像羅曼・羅蘭（Romain Rolland）、茨威格（Stefan Zweig）、海明威、喬治・歐威爾（George Orwell）、白求恩、攝影師羅伯・卡帕（Robert Capa），他們為自己的理想甚至是幻想燃燒生命，其中不少人放棄一切，在西班牙內戰時去保衛馬德里。甚至還有人（比如《矽谷百年史》〔*A History of Silicon Valley*〕的作者之一皮埃羅・斯加魯菲〔Piero Scaruffi〕）認為，矽谷的成功主要是靠林黛玉式的理想主義叛逆行為。當然，不同的是，林黛玉得到了一個悲劇的結局，而矽谷的很多創業者成功了。我雖然更傾向於保守主義，但是從心裡敬佩這類人。今天很多鍵盤俠腦子裡想的不過是有房有車，抱怨的不過是自己還沒房沒車，這些人多少玷汙了「左派」二字。至於那些天天在媒體上發聲、把平等掛在嘴邊的菁英，如果真的同情「難民」，不妨把他們安置在自己家中，而不要把他們安置在不歡迎「難民」的社區。

新東方創始人俞敏洪不只一次感嘆，北大和清華培養了太多精緻的利己主義者。我們的社會有太多薛寶釵、太少林黛玉。很多人問我，人工智慧取代人之後，人怎麼辦？我說，人有兩個上帝賦予的特殊天賦是機器無法取代的：一個是藝術創造力和想像力，另一個是夢想和浪漫的情懷。如果你的生活和這些相關，你不用為自己擔心，因為你總能想到機器想不到的事情。古人類學家一直想搞清楚為什麼人類的祖先現代智人在和其他人種（包括聰明的尼安德塔人）的競爭中勝出，目前比較確定的答案是，人類的祖先是唯一具有夢想能力的物種。這個天賦傳到了林黛玉身上，也傳到了每一個人身上，我們必須好好運用。

人生不僅要做人，也要作詩。中國從來不缺會做人的人，尤其是現在，因此僅僅會做人是難以脫穎而出的，如果還會作詩，便容易鶴立雞群了。

西瓜與芝麻

我在商學院講課時，常常講這個故事。

王媽媽生了三個女兒（在農村超生是很正常的事情），大女兒初中剛畢業，王媽媽就讓她外出打工賺錢。大女兒到了富士康，每個月能賺兩千多元人民幣，女孩很孝順，除了自己花，還寄給媽媽一些。王媽媽覺得不錯，等二女兒讀完初中就讓她輟學，也到深圳去給郭老闆打工賺錢，當然王媽媽又有了一份收入。每送出去一個女兒，她就多一份收入，但是即使如此，她的日子依舊過得很吃緊，看不到前途。

王媽媽孩子的老闆郭台銘則不然，他從每個女工身上賺百分之二十的剩餘價值，但是雇了幾百萬名像王媽媽女兒這樣的員工，使得他的財富在二〇一七年達到了四百八十億元人民幣左右。因此，以王媽媽的思維方式不僅永遠接近不了郭台銘的水準，也不能理解自己為什麼窮。王媽媽想，要是能有十個女兒就好了，這樣就有十份收入。姑且不說王媽媽年歲已高生不了孩子了，就算她還能生，一輩子能生的孩子畢竟有限，因此她注定是窮苦的命。

好在王媽媽的大女兒出去幾年，見了世面，知道每個月賺兩千元不是長久之計，於是告訴媽媽一定要讓家裡的老么讀書，改變命運。王媽媽終於想通了這個道理，不再讓三女兒輟學，讓她讀完了高中，上了專科院校，這樣老么就成了有技能的人，而不是靠出賣體力謀生的人。雖然老么可能一輩子仍然無法望到郭台銘的項背，但是有了一個好的開端。

撿一輩子芝麻，不如得一顆西瓜

中國對這種事情有個通俗的比喻：芝麻和西瓜。郭台銘是撿西瓜，王媽媽則是撿芝麻。一個西瓜的重量是芝麻的兩萬多倍，因此，撿芝麻撿得再勤勞，也撿不到西瓜的重量。當然，大部分人看到這裡可能會不耐煩地講，這個道理誰不懂啊。遺憾的是，大部分人還真不懂。我們不妨看看下面那些在生活中撿芝麻的行為，就知道我所言非虛。

◎為了拿免費的東西爭破頭。

◎為了省一元計程車錢，在路上多走十分鐘。

◎為了搶幾元的紅包，每隔三五分鐘就看看微信。

◎為了賺幾百元的外快，上班偷偷做私活。

◎為了節慶搶貨不睡覺。

◎為了一點折扣在網上逛兩個小時，或者在市區跑五家店。

這些人的問題不僅在於無法有效利用時間，更糟糕的是他們漸漸習慣於非常低層次的追求。

人一旦心志變低，就很難提升自己、讓自己走到越來越高的層次。很多時候，不僅是那些低收入的人會計較芝麻綠豆大的事情，很多經濟狀況不錯的人也不例外。不少人請我帶一些奢侈品回國，美國比中國可能省百分之十～二十的價錢，一支蘋果手機或一個名牌皮包也許能省幾百元～兩、三千元。這筆錢算不算是芝麻呢？對於能夠支付那些物品的人來說，依然是芝麻，為了省這點錢花許多心思非常不值得，何況請別人帶還欠人家一個人情。在這裡我不想評論他人的購物習慣，只是要指出，當一個人的心思放在撿芝麻上，就永遠失去了撿西瓜的可能。

一個人在工作中也常常容易撿芝麻、丟西瓜。後續將提到的偽工作者就是撿芝麻的典型例子。那些人習慣於做簡單、重複且價值低的工作，因為那種工作不需要動腦筋，不會遇到非常大的困難。但是，人一旦習慣於這種工作，真正有創造性的工作就做不來了。我曾經批評過二〇一六年在阿里巴巴搶月餅的人，以及為他們開脫的人，他們行為的對錯倒是其次，這種把心思放在撿芝麻上的人，讓我瞧不起，因為他們永遠遠離了西瓜。糟糕的思維方式和衡量價值的標準，決定了人不幸的命運。

賈伯斯把芝麻變西瓜，才救了蘋果

不僅個人如此，公司也是如此。在網路歷史上曾經輝煌的雅虎，從全球第一大網路公司走到被出售的地步僅僅十年時間。雖然從大環境來看它運氣不太好，遇到了谷歌和臉書這樣更強大的公司，但是它在產品上撿芝麻的習慣也害了自己。雅虎開發出的網路服務多不勝數，使用者在使用它的產品之前，不得不先搜索一下產品的網址。然而，這麼多產品卻沒有什麼是世界第一的。很多產品線上服務的流量和盈利非常有限，貢獻的都是一些小芝麻，最後加起來，還不如谷歌一個產品帶來的收入高。

在任何市場上，像雅虎這樣的公司很多，看到別人在某個領域賺了錢，就要分一杯羹，最後不過分到比芝麻大一點的市場份額，得不償失。與其這樣，不如把自己的專長發揮好。

蘋果公司的產品線五根手指就能數完，卻是全世界賺錢最多的公司，因為它在撿西瓜。撿西瓜的人在思維方式上和撿芝麻的人完全不同，他們不會為那些蠅頭小利動心，而是把目光放得更長遠。賈伯斯在回到蘋果時，發現公司內一大堆的專案和產品都是小芝麻，他在那些專案和產品上一個個畫叉，直至剩下個位數產品，再把它們每一個變成西瓜，這才救活了蘋果。

除了眼光和思維方式不同，撿西瓜更要有能力，不能靠運氣，而是需要長期培養才能獲得。職場中的每個人，與其把心思放在賺小錢上，不如聚焦到練就撿西瓜的能力，讓自己從同事中脫穎而出。通常，人有能力晉升一個臺階，貢獻、職責、影響力就可能增加一級，至於收入就更不用煩惱了。當然，世界上撿芝麻的人多、撿西瓜的人少，你如果致力於撿西瓜，就要耐得住寂寞。有人說，我沒有遇到西瓜啊，其實不是沒有遇到，而是因為你滿眼都是芝麻，天天為撿芝麻而忙碌，就沒有機會練就撿西瓜的能力了。

回到王媽媽的故事，她應該慶幸有一個能夠改變自己思維方式的大女兒。正是因為這個女兒，她們全家才能夠改變命運。遺憾的是，大部分人撿芝麻的思維方式一輩子也改不了，今天那些還想不清楚為什麼不該寫程式、不該搶月餅的人就屬於這一類。不過，也正是因為這樣，才給那些立志撿西瓜的人足夠的機會，畢竟世界上西瓜比芝麻少。

撿西瓜並不難，因為大家喜歡撿芝麻，這個祕密你不妨告訴更多人，不用怕他們來和你搶西瓜，因為大部分人見到芝麻依然會去撿，撿多了，西瓜自然就留給你這樣有智慧的人了。

生也有涯，知也無涯

在中國思想家中，莊子是一個「異類」，可以說是前無古人，後無來者。之前我們在談到林黛玉時說，正是因為中華民族還有一點點作詩的性格，才有莊子這樣的人，毫無疑問，莊子是一個充滿奇特想像和浪漫色彩的人。當然，無限的想像力和浪漫色彩只是他表述自己哲學思想的方法，寓理於生動的寓言中，讓大家容易理解，因此《莊子》是一本既有趣又充滿智慧的書，我推薦給所有的大學生。莊子很多睿智的思想不僅深植於我的思維，而且也是我的行動指南。「做減法」就是我從《莊子》中學到的智慧。

莊子在《養生主》一章中開篇講了這樣一句話：「吾生也有涯，而知也無涯，以有涯隨無涯，殆矣。已而為知者，殆而已矣。」大意是，我的生命是有限的，但是知識是無限的，以有限的生命追求無限的知識，注定要失敗。已經知道這個事實還要為之，失敗是確定無疑的。

羅振宇老師在很多場合說我是一個善於利用時間，同時能做很多事情的人，以至於很多人也這樣看我，於是寫信問我如何擠出時間做事情，怎樣才能同時做更多的事情。其實，羅振宇老師太抬舉我了，我雖然時間管理得還算好，也不能同時做很多事情。我做事的訣竅（如果這也算是訣竅的話）正好與大家想的相反，就是少做事，甚至不做事。當然，我把這個答案告訴提問者，很多人會說，每天的事情那麼多，這件事情應該做，那件事情也是必須完成的，怎麼可能不做呢？我跟他們說：「這是因為你已經陷入了常人的思考框架，你說的那些事情如果不做的話，難道天會塌下來嗎？」

少做事，甚至不做事

如果說我比常人有什麼優點的話，可能有兩個：首先，我能夠跳出思考框架，換一個角度來判斷事情的重要性；其次，我敢於捨棄。而這兩點，都是從《莊子》中悟出來的。

我在大學讀《莊子．養生主》時感慨萬分。首先，我感嘆他的智慧，他在那麼早就能夠跳脫框架，把「有限」、「無限」、「永恆」等概念考慮得那麼透澈。其次，他清楚地告訴我們，因為時間有限，不可能什麼事情都要做，必須要有所捨棄、順其自然。

很多時候，我們會陷入一種思考框架不能自拔。我們在生活中經常遇到這樣的人，習慣性遲到，而且每次理由都不一樣。比如，今天出門之前，剛好母親打電話來，不能不接，於是耽擱了一點時間；而昨天遲到是因為在車站遇到一個老同學，對方要寒暄幾句，不和人說幾分鐘顯得架子太大，太不給面子；前天參加聚會遲到則是有別的理由，本來做好準備提早下了班，但是快到聚會的地點時，一看時間還早，就去家樂福買個化妝品，沒想到收銀檯的隊伍排超長；大前天下班接孩子也遲到了，因為下班前同事跑來聊了兩句，就耽擱了五分鐘，誰知晚出來五分鐘就遇到塞車。我發現，這些人遲到的毛病基本上改不掉，因為他們有一個迷思，認為臨時插進來的事情必須要做，不做就是沒禮貌、沒面子，或者虧大了。其實那些事情不做，天根本不會塌下來。

每當別人問我：「怎麼才能每天有更多的時間做事情，或者如何能夠抓緊時間？」我總是告訴他們：「你不可能有更多的時間，因為你已經很抓緊時間了。你需要做的是跳出原有的思考框架、少做事。如果你想通了很多事情不做也無傷大雅，就不要去做，這樣你就不會天天忙忙碌碌了。」如果你不能夠把一件事情做好，首先要想到的應該是少做事，而不是讓自己更忙碌。在工作中，每當我發現一個下屬似乎不能負擔他的工作量時，我從不會要求他花更多時間在工作上，比如加班，因為他在壓力下要嘛手忙腳亂，一件事情也做不好，要嘛乾脆隨便做。這個時候，我會要他交出一部分事情給別人做，但是剩下的事情必須按時完成並且做好。當然，有些急於升遷的人會跟我說：「我能做，我會更努力，我週末能加班。」但我從不給他這個選項，因為如果讓他同時做幾件事，最後公司的收穫是〇；如果只讓他集中精力做好一件事，公司好歹會收穫一。

時間比經濟利益更重要

跳出思考框架有時需要大膽地違反常規思考，甚至捨棄很多利益。我二〇一四年年底離開谷歌時，很多人問，公司付你那麼多薪水，待遇那麼好，工作又有彈性（但是不輕鬆），為什麼要辭職呢？我說在谷歌的工作占去我太多時間，以至於沒時間做別的事情，比如寫書。我和別人想法不同的地方就是我想通了，要想換取更多的時間，就必須犧牲經濟利益。大部分人會在時間和金錢之間選擇金錢，很多人跟我說：「如果沒有時間做別的事情，應該減少其他事情來保住高薪的那份工作。畢竟，你說的其他事情，應該是用『業餘』時間去做。如果沒有業餘時間，就放棄和工作無關的事情好了。」這是一般人的迷思，過分考量錢的因素，而忘記人一輩子的時間是有限的。如果換一個角度來想這個問題，生命是由有限的時間構成，而錢超過一定程度後，其實並不重要，那麼就能明白為了獲得時間而辭去高薪工作的道理。

當我們跳出一般人的思考框架，重新審視人生就會發現，可以不做的事情實在太多。接下來，就是下決心少做事情，把幾件該做的事情做好就行了。

為了進一步說明少做事的好處，我再分享一下身邊兩個人的經歷。這兩個人都是想出國的女生，基礎不算好，智商也不算高。其中一人，我們姑且稱她為A女士，是國內一間三本大學的畢業生；另一個人，姑且稱她為B女士，是從護校畢業的護士，學歷是大專。因為她們畢業的學校不算好，所以在職場升遷的機會自然不多。

A女士因為親戚是我過去的同事，請我幫忙看看怎樣能幫她出國讀書。我告訴她的親戚和她本人，現在出國讀書其實很簡單，比二十多年前我出國時要容易很多，但至少要先考托福。A女士工作並不忙，因為在公司裡沒有人覺得她能夠獨當一面，一直沒有交給她難度高的工作，不過雜事還是有的。A女士很把雜事當回事，今天說公司裡有件事要她做，明天又來了另一件事。至於剩下來的時間，她還要花在和一大群親戚朋友聚會上，而過去時不時要做的美容美甲也捨不得戒掉。在她看來，這些事情都是不得不做的。幾個月後，我好心問問她的進展，她不願意說，她的親戚替她打圓場說，A女士太忙了，沒有時間讀書，還說有時為了讀書熬夜，似乎太累了，效率也不是很高。又過了幾週，我再了解一下她準備考試的情況，結果很不樂觀，我發現她一個星期恐怕連十個小時學英語的時間都沒有，而她給我的理由就是事情太多太忙。最後結果就不用說了，兩年下來一本單字書都沒有背熟，而她原本的工作也沒有做好。後來她的親戚也不好意思再找我幫忙了，但據我所知，她還在原來那個要死不活的公司打混，而且工作依然沒有起色。

B女士畢業後就進醫院當護士，每天都在醫院工作八個小時，有時還要值夜班。B女士也不是很聰明的人，不過為了出國，她把剩下來的時間全部用在準備托福和GRE（美國研究生入學考試）上，所有交際應酬一律推掉，晚上值夜班時沒有太多事，她就背單字。兩年後，她居然被約翰．霍普金斯大學的公共衛生學院錄取為碩士生，要知道該校在公共衛生領域全美排名第一。我是在美國遇見她，聽她講了自己的故事。這個大專畢業生能被錄取，我感到非常驚訝，問她有什麼祕訣，她說很簡單，少做點事情就好，把要做的事減到最少。十幾年後，她居然在一家全球五百強的醫療公司做經理。大家平時看她不覺得她是聰明人，又問她是怎麼做到管理階層的。她說，我比較笨，一件事得花好長時間才做得好，因此不能像別人一樣今天做一件事、明天又換一件，我得花很長時間做一件事，到美國工作十幾年，只跳過一次槽。

對比這兩個人，我不能說A女士不努力，但她不懂得捨棄的智慧，誰也幫不了她。B女士也並非天才，她只是把能捨棄的都捨棄了而已。

創業首先做減法，找出核心價值

既然生命有限，我們需要時刻提醒自己少做事情、做好事情。做很多事情做得差強人意，花兩倍時間只能獲得兩倍的收益，但是如果把時間集中起來，將事情做得比別人好，兩倍的時間可以獲得十倍甚至更多的收益，這就是我常說的撿芝麻和撿西瓜的關係。人有一個弱點，就是見到小便宜就想去占，很多利益捨不得放棄。很多做IT的人可能都有過這樣的經歷：今天張三找你幫忙寫個代碼，承諾給兩千元；明天李四給你一個賺外快的機會，你又能賺到三千元；後天王二麻子求你幫他公司修個電腦，答應給你一千元。這類事情你做不做呢？很多人覺得送上門來的錢，不賺是傻瓜，結果把自己搞得每天疲於奔命，技術卻沒有長進，分內工作可能也沒有做好。

不僅人如此，草創公司也是如此。通常第一次創辦公司的人找投資人融資都會描繪一個非常美好而宏大的遠景，說自己既要做這件事，又要做那件事。而有經驗的投資人都會建議他們做減法，不希望他們做的東西多而全。前面說過，創業不要一開始就做平臺公司，因為小公司初期資源很有限，不可能像大公司那樣大刀闊斧。要想在短時間內在某個方面領先大公司，必須把所有人力集中在一個點上，因此小公司必須學會做減法。矽谷有一家二〇一三年成立的影像識別公司，在創立時有一個很宏大的計畫和一張長長的清單。當創辦人來找我們融資的時候，我們發現這家公司的技術不錯，創辦人也很優秀，我們很想投資，但是他們的心思不夠專一。於是我跟他們說：「如果你們做這麼多事肯定會失敗，如果你們能把這張清單縮短，減到不能再減，我就投資。」於是他們將清單減為三件事。我說：「還是多了些，要減到只有一件事。」他們最後真的減到只剩一件事，我說：「這就是你們的核心價值，就這麼去做吧。」然後我們投資了他們，一年多後，他們被亞馬遜高價收購了。亞馬遜收購看重的正好就是該公司那一點核心價值。而他們最初列出的諸多事情，絕大部分亞馬遜早就已經做了，而且做得更多、更好。如果這家公司真的做了一堆可有可無的事情，就不可能在一年多的時間裡把該做的事情做好。很多正在創業的人，包括找我融資的，以及朋友介紹的，在向我說明完他們的想法後，總要我給一些建議。而我聽了他們的說明後，大部分給的第一個建議就是「做減法」！

莊子說：「吾生也有涯，而知也無涯。」不僅學習如此，做事更是如此。人生成功的祕訣在於做減法，而做減法的關鍵在於能夠跳出一般人的思考框架，找出那些其實無關緊要的事情，然後下定決心捨棄。

我們一定比十八世紀的人過得好嗎？

今天大部分人至少花了十六年讀書（十二年中小學教育加上四年大學教育，而我的讀書時間則長達二十四年），如果再讀研究所恐怕時間更長。今天很多人在獲得第一份工作時，已經超過二十五歲了，人生三分之一的時間，而且可能還是最好的三分之一就沒了。接下來如果從事所謂的白領工作，雖然按規定每週工作四十個小時，但是無論是中國的年輕人，還是美國比較景氣行業的員工，工作時間都遠遠超過這個規定。我們這麼辛苦為的是什麼？無非是想生活得好一點。但是我們做到了嗎？有些時候，我們甚至忙得沒有時間來思考這個問題。

不過再忙的人也有閒下來的時候。在夜深人靜時，我會想到這個問題，會問自己現代人真的比幾百年前的人過得好嗎？今天大部分人對這個問題的答案應該是信心滿滿，畢竟社會進步了這麼多，我們今天用的大部分東西，工業革命前都沒有！

物質生活與精神生活的落差

的確，如果從物質生活和健康水準來說，我們比過去有了長足的進步。人類迄今為止完成最偉大的事情就是工業革命，如果沒有工業革命和隨後而來的幾次技術革命，就沒有今天的一切。現代人平均壽命比過去的帝王還要高很多，幾乎是過去普通人的兩倍。雖然很多人抱怨今天的霧霾，擔心食品安全問題，但是在十八世紀工業革命之前，從城市到鄉村比今天更髒亂，食品因為無法保鮮，比今天更不健康。如果不考慮住房面積，單純從物質生活來看，今天一個上班族的生活品質可能優於過去的帝王。

然而，如果讀過珍．奧斯汀的小說，比如《傲慢與偏見》或者《愛瑪》，就能體會其中的人過得也很好，甚至比今天要好很多。男女主人翁住在城堡般的房子，每日的生活清閒舒適，還不用學習那麼多功課和謀生技能，愛情也足以讓今天的人神往。當然，他們的生活不代表當時普通百姓的生活。《傲慢與偏見》裡的男主角達西先生，是年收入一萬英鎊的貴族。要知道，當時像哈佛或者耶魯，一年的開支也不過一千英鎊，而女主角伊莉莎白的家庭也屬於鄉紳階級。但是，今天很多財富超過他們的土豪卻沒有過著那樣的生活。如果了解他們每天生活的狀態，而不是他們炫耀的財富就會知道，那些暴富的土豪生活得並不幸福。很多中國富商私下和我說，他們雖然不缺錢，可是從起家至今，十幾年乃至幾十年都在辛苦和惶恐不安中度過。當然，可能有人會說，這是生意人特有的現象，普通人並沒有這麼大的壓力。實際上，不管任何階層的人都有各式各樣的壓力，不僅在職場上非常累，回到家後也感受到生活的壓力，即所謂的心累。就這樣，大部分人都在忙忙碌碌中匆匆地走完一生，是否有幸福可言，只有天曉得。

總有些人喜歡把「貴族」兩個字掛在嘴邊，希望自己在擁有財富後擺脫「土財主」的形象，希望他人像對待貴族一樣對待他們。經濟上窘迫的人，也會退而求其次，追求所謂的「小資」。今天在全世界，貴族基本上已經是「化石」了。美國做為世界上最富有的國家其實從來不曾有過貴族，華盛頓、傑弗遜這些莊園主和李文斯頓（Livingston）這樣的老牌商業大家族雖然非常富有，在美國早期政治上也極具影響力，但是他們不同於歐洲貴族。此後的商業鉅子杜邦（DuPont）或者洛克菲勒（Rockefeller）等人，今天的科技新貴比爾・蓋茲和賴瑞・艾利森（Larry Ellison）這些人，就更不能算是貴族了。中國很多人講哈佛、耶魯是貴族大學，美國東北部的菲利普艾克瑟特（Philip Exeter）或者比爾・蓋茲上的湖濱中學（Lakeside）是貴族學校，想方設法把孩子送進去，這其實只是在大腦中虛構出來的貴族教育而已。

今天在歐洲（尤其在英國）依然保留很少數的世襲爵士頭銜，但是繼承這些頭銜的人絕大多數早已和貴族無關。這些人除了獲得從祖上傳下來的空頭銜外，和市井小民無異；另一些人則是因為在自己的專業領域做出傑出貢獻而被授予頭銜，比如英國長跑冠軍、二〇一二年奧運會組委會主席塞巴斯蒂安・科伊（Sebastian Newbold Coe），著名指揮家柯林・戴維斯（Colin Rex Davis），以及發明電腦快速排序演算法的查爾斯・安東尼・理察・霍爾（Charles Antony Richard Hoare）等人。而同時繼承了頭銜和財富，並且依然還有點社會地位的人越來越少，幾乎絕跡，比如著名的慕同酒莊（Chateau Mouton Rothschild）的前一任主人菲利浦・羅斯柴爾德男爵（Philippe de Rothschild）。那個頂級酒莊是他除了男爵頭銜外繼承的唯一祖產，而在他去世之後，酒莊也已易手，他這一支貴族血脈其實已經終結。當年顯赫一時、富有傳奇色彩的羅斯柴爾德家族，今天也已經式微，其他貴族家庭情況也類似。整體來說，貴族不過是歷史的產物，隨著社會的發展，已成為瀕臨絕種的物種。

貴族頭銜代表義務，而非權利

貴族這個社會階層不存在了，並不等於他們的精神和生活方式不存在。大多數人對於貴族的理解多止於物質和享受，這和貴族真正該具有的精神與生活方式大相徑庭。要想在精神層面具備貴族的樣子，就必須了解和學習貴族安身立命的三個根本：軍事上的責任、維護地區治安的義務和社交場合上的體面。

貴族過去是一個地區的軍政長官，對外要防禦外敵，對內要管理地方事務，因此他們從小學習軍事和政務。在這個過程中，他們學會榮譽感和責任感的含義，養成了重承諾的習慣。布希家不是貴族，但多少具有歐洲貴族的這兩個特點，因此他們家幾代人都服過兵役，擔任公職。在伊拉克戰爭中，貴為總統的小布希親駕戰鬥機降落在波斯灣地區的航空母艦上，這對軍隊和全體國民都是巨大的鼓舞，這是貴族精神的一種體現。美國前總統詹森（Lyndon Baines Johnson）在珍珠港事件爆發時已經貴為國會議員，也是羅斯福總統仰仗的助手，但是他堅決要求到前線去，執行了五十多次戰鬥任務，在一次執行轟炸任務時，戰機被擊落，機上八人只有他僥倖生還。同樣的，當時貴為羅斯福助手、美國證券交易委員會首任主席、美國駐英國大使約瑟夫．甘迺迪的兩個成年兒子小約瑟夫．甘迺迪和約翰．甘迺迪（後來的總統）也都上了前線，哥哥小約瑟夫．甘迺迪陣亡，弟弟約翰．甘迺迪也是九死一生，在海上漂流了十幾個小時才獲救，同時他還救了一名戰友。這些人沒有貴族頭銜，但是在行事風格上體現出貴族的精神。貴族有光鮮的一面，也有在危險來臨時承擔更多義務的一面。

貴族為了能夠在眾人面前展現應有的體面，從小要學習如何參加社交活動，學習貴族禮儀。但是，貴族在舉止上最重要的是遭遇危險要表現淡定，也就是「泰山崩於前而色不變」。

二〇一三年，時任美國總統的歐巴馬出席戶外新聞發表會，遇到天公不作美，下起雨來，歐巴馬隨即讓身邊的海軍陸戰隊員幫忙撐傘擋雨，結果招來批評。一些人覺得這是總統濫用職權，但不僅如此，更主要的問題在於做為總統這種行為有失體統。大家可以注意一下，美國軍人在下雨時是不撐傘的，更不會匆忙奔跑避雨，他們正確的舉止是穿著雨衣在雨中列隊快速行走。為什麼要這樣？因為一名軍人遭遇危難也必須淡定沉穩。歐巴馬沒有接受過軍事訓練，顯得慌張情有可原，不過貴為總統，這樣的舉止就缺少了貴族氣概。

在十八世紀，生活節奏遠遠沒有今天這麼快，因此貴族們的生活講究從容、自律和優雅。可是這和錢的多寡關係不大，那種令人嚮往的氣質和自信其實源自於內心以責任和榮譽約束自己，對外則展現出從容和優雅。不論什麼時候，這都是幸福生活的根本。

成為精神上的貴族，過得更幸福

回到人幸福的來源，除了前文講到的基因傳承和成就的影響力之外，還有三個具體的面相。

第一個面相是愛情和婚姻。擁有美好愛情的人是幸福的，這也是我建議在大學要談一次戀愛的原因。中國人非常不幸的一點是，愛情幾乎止於婚姻，或者時間再長一點，止於孩子誕生。在這個面向上，今天的人未必比十八世紀的英國人更幸福，也可能不比同時期清朝的人好到哪裡去。

第二個面相是對未來的期望。一個人如果能夠確定明年比今年好，後年比明年好，就會有幸福感。反過來，即使一個人今天位高權重、腰纏萬貫、聲名顯赫，如果他知道明年可能破產、可能名譽掃地或者不再有人關注，就無法高興起來。今天中國很多上流人士並沒有幸福感，因為他們對明天不確定。但是，由於中國快速進步，特別是經濟的發展，對於明天是全世界少有的樂觀。而從我很多讀者的來信和回覆中可以看出，喜歡讀書的朋友對明天的信心又要遠遠高於中國的平均水準。

第三個面向是生活的態度。一個人是否願意像十八世紀的貴族那樣，內心有責任和榮譽，平時過著從容而優雅的生活，遇到危險和困難能夠鎮定自若？如果願意這樣生活，就能夠贏得別人的尊重，幸福感也會增強；如果不願意，每天像一隻無頭蒼蠅，忙忙碌碌，別人看待他也是無頭蒼蠅，那就無法感受到幸福。

從這三個面向來看，幸福和物質的關係真的不是很大。如果我們問過去的同學或者朋友「最近過得還好嗎」，他們回答好和不好的標準通常並不是最近賺了大錢，而是上述幾個面向。很少有人會說「最近很好，公司發了我一筆獎金」，反而更可能會說「最近不錯，我現在已經管幾個人了，公司滿重視我的」，或者「滿好的，我現在有男朋友了」，或是「還不錯，不像以前那麼忙了，有點時間做自己的事了」。

科技進步的結果，應該是讓更多人過著優雅而從容的生活，而不是讓大家變得沒有時間生活，這就是我對技術進步的期望。當然，我們也需要記住幸福生活才是根本，其他不過是達成目的的手段而已。現代人不用太擔心物質匱乏，如果我們能夠在每天出門時想到「責任、榮譽、從容、優雅、鎮定」這十個字，就能過得比十八世紀的貴族更好。

第三章　談談見識

很多時候，成敗與否取決於見識高低，而不是自己努不努力。今天，由於交通和通訊技術發達，人要增加見識比過去容易得多。但在我們心中，有時依然有一道圍牆，阻礙了我們的見識。

我們和天才相差有多遠？

我一直認為天才是存在的，而且我們往往無法望其項背。比如愛因斯坦是公認的天才。不過，在他那個時代，人們都說馮紐曼（John von Neumann）更聰明。據費米（Enrico Fermi）和費曼（Richard Feynman）等人回憶，他們需要用電腦算一晚上的題目，馮紐曼心算半小時就能算出來。

當然，當時的電腦不是很快，每秒只能進行五千次運算。費米和費曼已經被認為是天才級的科學家了，但和馮紐曼的差距卻如此之大，可見天才真是讓人難以仰望。此外，馮紐曼也是「現代電腦之父」圖靈（Alan Mathison Turing）的精神導師，圖靈在提出電腦的數學模型（也稱為圖靈機）時，就是受到馮紐曼的著作《量子力學的數學基礎》（*Mathematical Foundations of Quantum Mechanics*）的極大啟發。

智商其實一二〇就夠用了

長期以來，我一直認為聰明應該是成就一番大事的必要條件，特別是在科學上。我的智力讓我難以理解那些最高深的科學理論，因此就算在科學上我有貢獻的精神，能做出的成就也非常有限。人常常會對自己沒有的東西好奇，正因為我不是天才，所以想尋找那些超級聰明的人，和他們聊聊天，看看人能夠聰明到什麼地步。

我曾有一位同事就屬於這種人，他在二十幾歲時，就獲得了三次世界謎題比賽的冠軍、四次亞軍，還是美國隊的領隊。實際上，有七次決賽都是他和同一名德國選手對抗，用他的話說，那個德國人比他厲害一點。我的這位同事後來第一次參加世界數獨比賽，就獲得亞軍。我曾經試圖解一道謎題，想了很久不得其法，他三兩下就搞定了。我並不是笨蛋，如果用智商來衡量，我測試的結果都在一百五十左右，但我的這位同事明顯高於我，應該算是很聰明的人了。不過這位超級聰明的人很快離開了谷歌，因為他的心思並不在工程上，而在解謎題上。在谷歌內部，成就最大的人並非那些智力最高的人。

在工程方面，智力只是成功的諸多因素之一，遠遠不是決定的因素。但是我過去一直認為那些在科學上做出一番大事業的人應該是絕頂聰明的天才，這當然是從結果判定，或許有倖存者的偏見。我在博士畢業後，有幸先後和四位諾貝爾獎得主深入交流，他們分別是諾貝爾經濟學獎得主威廉・夏普（William Forsyth Sharpe）、物理學獎得主亞當・黎斯（Adam Guy Riess）和朱棣文、化學獎得主布萊恩・克比爾卡（Brian Kobilka）。在這裡，我就和大家分享一下我對他們的印象。

威廉・夏普因為提出了評估資本報酬和風險的夏普指數[9]而獲得諾貝爾獎。從夏普的投資

9　夏普指數（Sharpe ratio），即基金績效評價標準化指標。

建議可以知道，他是一位有智慧的人，但是聽他講課並不能判斷他是否屬於非常聰明的天才。

亞當．黎斯因為發現暗能量讓宇宙膨脹加速而獲得諾貝爾獎，朱棣文是因發明了用鐳射冷卻和俘獲原子的方法而獲獎，他們給我的印象是頭腦極其敏銳，在智力上是我難以望其項背的，但是我無法判斷是否超過了我那位絕頂聰明的同事。

布萊恩．克比爾卡是靠發現細胞之間蛋白質通訊的機制而獲獎。他邏輯非常清晰，話不多，是一個非常善於深入思考的人。和朱棣文、夏普相比，克比爾卡的書生氣息比較重，長期致力於基礎科學研究，他的成就似乎主要是靠長期努力而得。

根據我不很全面的經驗判斷，這四位諾貝爾獎得主未必有我的同事聰明，但是都成就非凡。因此我們似乎看不出智力和成就完全成正比。當然，做科學和工程研究，基本的智力還是需要的，不過《異數》的作者麥爾坎．葛拉威爾認為，智商在一二〇以上就夠用了，超過一二〇之後，智力就不是決定性因素了。智商一二〇代表什麼？大約百分之四十～五十的中國人都能達到，也就是說，有接近一半的人在智力上都足夠做出重大成就，即使得不到諾貝爾獎。但很顯然，這與事實不符。不過，如果說智商在一二〇以上的人，都不夠努力或者教育水準不夠高，也不符合實際情況。

為什麼那麼多人不缺乏智商、受過良好的教育，也足夠努力，成就卻比那些諾貝爾獎得主，或者其他成功者差很多呢？一個解釋是，智商或者在解決難題時所表現出的智力，和真正的聰明並不完全呈線性正相關；另一個解釋是，天才的大腦和常人，在生理上有一些明顯的不同。對於這個問題，不僅你我關心，很多科學家也想知道答案。而尋找這個答案的直接方法，就是找一個超級天才的大腦研究一下。一九五五年，一位醫生得到了這個機會，他的名字叫做湯瑪斯．哈維（Thomas Harvey）。

愛因斯坦的腦洞比常人大？

那一年，大科學家愛因斯坦去世了，他生前最後住的醫院是普林斯頓大學醫院，而哈維正是該醫院負責愛因斯坦的醫生之一。哈維利用工作之便偷走了這位神一般天才的大腦，在進行了防腐處理後，把它做成兩百四十個切片保存下來，以便研究天才的大腦和常人到底有什麼不同。這件事當然瞞不過美國聯邦調查局（FBI），他們一直在追蹤哈維，不過聯邦調查局的探員們只是想暗中保護哈維和愛因斯坦的大腦。愛因斯坦的兒子知道這件事情之後當然很生氣，但經過哈維解釋後，他還是諒解了哈維，不過提出了一個要求：研究成果必須發表在世界一流的雜誌上。

從一九五〇年代開始，全世界就在翹首期盼哈維的研究成果。遺憾的是，哈維研究了一輩子，也沒有發現愛因斯坦的大腦有什麼特別之處，更讓他失望的是，這位提出相對論的天才大腦重量只有一二三〇克，遠遠低於常人的一四〇〇克。雖然他的大腦溝回比較多，但這至今還不是判斷天才的直接證據。一九八〇年，背負巨大壓力的哈維擔心在他有生之年無法完成研究愛因斯坦大腦的艱巨任務，於是決定讓全世界的科學家一起參與。

眾志成城，參與的人多了，不僅容易做出成果，而且會有不同的見解。一九九九年，加州大學的科學家發現，愛因斯坦大腦中的膠質細胞比較多，而不是負責數學、物理能力的神經元細胞多。但是，醫學界的共識是，神經元細胞在人的思考中發揮主要作用，而膠質細胞只發揮輔助作用，因此這個發現被醫學界嗤之以鼻。後來，加拿大的科學家又發現愛因斯坦的腦洞大，也就是說他的頭蓋骨和大腦的上端空間大。雖然我們開玩笑時總會說「腦洞大開」，但是腦洞大和智力似乎沒有什麼關聯。

中國的科學家也獲得了一部分腦切片，他們研究發現，愛因斯坦左右腦之間的胼胝體比較發達，因此認為他的左右腦可能通訊比較好。但是，過去沒有人認為胼胝體和智力有什麼關係，現在也沒有足夠的證據證明這一點。總之，今天全世界對愛因斯坦大腦的研究可謂仁者見仁、智者見智，沒有一個統一的結論。當然，我們可以說科學家還沒有找到什麼最終證據，不過更有可能的是，愛因斯坦的大腦在生理上可能和常人並沒有太多的不同。

決定天才的要素

事實上，每個人都有自己的天賦，有的人記憶力好，有的人善於思考，很難用一把尺度量。人類發明了智商、情商等一大堆指標，就是因為人的天賦是全方位的，不是單一的。正因為如此，使用一種量化指標替人貼上標籤也是不對的。至於人們的天賦有多少是天生的，有多少是後天環境造成的，或是自我開發的，今日依然沒有定論。以愛因斯坦為例，至少他在上大學之前並沒有顯示出超人的智力；相反的，很多在中學或者大學顯得很聰明的人，後來變得平庸，或許是因為那些早期展現出的聰明，只能說明他們善於解決某一類問題（比如考試）罷了。

愛因斯坦和常人最大的不同在哪裡？我認為有三個。首先，愛因斯坦善於提出問題。兩年前我和著名物理學家張首晟教授談到清華大學和史丹佛大學在研究上的區別，他認為主要差距在於提出問題。史丹佛大學的科學家善於找到當下最重要的問題，清華大學的教授能夠很好地解決問題，但是在把握研究方向上就差了不少。

其實，不只是愛因斯坦，朱棣文、黎斯和克比爾卡獲得諾貝爾獎的研究，當初都不被看好，他們都是從自己的興趣出發來找到題目，沒有受到發表論文、申請經費和實用性的干擾。

其次，愛因斯坦善於做白日夢，也就是腦子不受約束地胡思亂想，然後從中總結規律，而大部分科學家的思考方式常常受到教育和周圍人思考的約束。

最後，愛因斯坦是非常有恆心的人。他對自己的觀點非常執著，並且願意花一輩子的時間找出答案。他關於統一場論的假設至死也沒有完全想清楚，更沒有證實，這件事直到他死後六十年才得到基本證實（二〇一七年的諾貝爾物理學獎授予了證實重力波的萊納・魏斯〔Rainer Weiss〕、巴里・巴利許〔Barry C. Barish〕和基普・索恩〔Kip S. Thorne〕）。愛因斯坦不是那種尋求快速發表論文研究課題的人，而是願意花時間從根本上解決問題的人。

凡天才必有過人之處，但是我們和他們之間的差異可能不是生理上的，而是在其他方面，比如知識、見識、勇氣或方法。所以不如多學習他們做事情的方法，這些才是我們可以控制的。

起跑點和玻璃心

我們常常聽到一句話，「不能讓孩子輸在起跑點上」。為了不輸在起跑點上，從小就要非常辛苦地學習這個、學習那個。贊同這個觀點的不僅是家長，也有著名作家麥爾坎．葛拉威爾。他在《異數》一書中表達了類似的觀點：一朝領先，一輩子領先。

但是，不論大家多努力，一個五十人的班級，永遠有第一名和第五十名。更關鍵的是，即使在起跑點上贏了，今後也未必會贏，因為學習是長期的過程、一輩子的事情，是馬拉松比賽，而不是百米賽跑。我從小到大都在一流學校裡度過，周圍應該算是中美兩國贏在起跑點上的人了。但是我最常見到的情況是，每過一個階段就有人主動退場，請注意，是主動退場。最後的贏家，不是一開始跑得快的人，而是為數不多、堅持跑到最後的人。

人生是一場馬拉松

我和大家分享一個故事，說明為什麼必須樹立「人生是馬拉松」的想法才能笑到最後。

這個故事發生在二十世紀上半葉的美國。

美國中部密蘇里州過去有一所被稱為「獨立高中」（The Independence High School）的中學，當然這所學校的名字現在已經改成了克里斯曼高中。獨立高中一九〇一屆的年級第一名是查利・羅斯（Charlie Ross），他在校期間曾擔任學生年刊的主編，算是小有名氣的學生，他也因此是英語老師布朗小姐最喜歡的學生。畢業典禮一結束，布朗小姐就走上臺親吻了羅斯，祝賀他以優異的成績從學校畢業。

羅斯旁邊站著一個比他幾乎矮半個頭的學生，我們姑且稱他為哈利。哈利其貌不揚，來自一個非常樸實的世代務農家庭，在美國中部的密蘇里州，這樣的家庭再普通不過了。那些家庭出身的孩子都很樸實，沒有什麼吸引人的地方，說白一點就是很土氣。不過哈利並不缺乏勇氣，他當下就問布朗小姐：「我難道不應該得到一個吻嗎？」

布朗小姐很簡單地回答：「等你做了什麼了不起的事情吧！」

其他同學看到這一幕都在想，羅斯將來總得做出點什麼成就，才能不辜負老師對他的青睞。按照傳記作家的描述，羅斯的壓力應該不小，而且將壓力變成了動力，一直非常努力。高中一畢業，羅斯就考進了當地的密蘇里大學，畢業之後，他留校任教並成為該大學新成立的新聞學院的第一位教授。接下來他在新聞界嶄露頭角，由於他異常勤奮，加上人又聰明，終於在一九三二年獲得了普立茲獎。在隨後的十幾年裡，羅斯不敢懈怠，在新聞界的影響力越來越大。一九四五年，羅斯被杜魯門總統任命為白宮負責新聞和出版事務的首席祕書，這可能是新聞界人士能做到的最高職位了。

從羅斯的經歷可以看出，一個人即使贏在了起跑點，成功也要靠自己長期努力。當然，如果故事到這裡就結束，那也不過是一個勵志故事而已。這個故事中的另一個主角，那個可憐的哈利後來命運如何呢？我也就不賣關子，先告訴大家結果，他就是美國第三十三任總統杜魯門（Harry S. Truman）。事實上，從一九四〇年代開始，羅斯在新聞界能夠平步青雲，主要就是靠杜魯門提攜。

根據杜魯門圖書館的記載，接下來的故事是這樣的：

羅斯得到任命後，非常高興地和總統說：「布朗小姐如果知道我們現在又在一起了一定很高興。」總統拿起了電話，打給獨立高中的布朗小姐：「喂，布朗小姐，我是美國總統，我是否該得到一個吻？」布朗小姐回答：「來吧，你可以得到一個吻。」

傳記作家喜歡將這件事情加以渲染，表示一個男人的嫉妒可以激發無限的潛力。杜魯門的成功和這件事有多大關係很難說，他是否在當上總統之前長達四十四年的職業生涯中一直想著這件事呢？我覺得並沒有。和羅斯相比，杜魯門無疑在起跑點上輸得一塌糊塗，事實上，從高中畢業後的十多年裡，他因為家境貧困，無法上大學，沒有人脈，沒有機會，一事無成。當羅斯在新聞界大顯身手時，他還在為溫飽發愁，但在最後的長跑中，杜魯門贏得很漂亮。

杜魯門的成功過程說明了，起跑點上的輸贏對一生的影響並不是那麼大。事實上，即使在起跑點上領先，優勢也未必能持續很久。一九四五年，杜魯門接替去世的羅斯福，從副總統上位為總統，搶到了一九四八年總統大選的優先起跑權，但在謀求連任的過程中一直落後，這又說明了起跑的優勢不是那麼重要。那麼杜魯門是如何當上總統，又是如何連任成功的呢？我把原因概括成耐心、運氣和勤奮。杜魯門的故事後面會再詳細講述。接下來，我們繼續聊和起跑點相關的另一個話題：玻璃心。

贏在起跑點，卻輸在終點

二十年前，我們很少說類似「玻璃心」這樣的詞，但今天卻經常聽到「玻璃心」、「傷不起」這類的話。很多人，尤其是年輕人，似乎真的脆弱到不能受一丁點傷的地步。玻璃心是如何養成的？這和我們今天過分強調起跑點的重要性有關。

由於過於強調起跑點的重要性，很多家長和老師不斷告知孩子一朝落後、永遠落後，因此孩子一旦遇到一點不順利，暫時落後了，就害怕得要死。用不了多長時間，孩子的心就變得很脆弱，成了玻璃心。這些人如果一開始處於順境，就越發有信心地一路走下去，但是人很難永遠有好運氣，一旦遇到挫折，便成了不得了的大事，「整個人生都完了」。在這種時候，如果家長和學校能夠給予孩子正確的引導，培養他們在人生中長跑的意識和能力，一時失敗或者落後根本算不上什麼大事。但是在起跑點理論的影響下，學校和家長一方面繼續給孩子施加更大的壓力，一方面又小心翼翼地為孩子保駕護航，最後大家都變得輸不起。我有時真的很同情這樣的學校和家長，他們承擔了原本不必要存在的巨大壓力。

有的家長認為，先幫助孩子搶到一個好位置，進入一所好大學，其他事情以後再說。在這樣的思考前提下，學校和家長對孩子百般呵護、精心輔導，不給任何刺激，讓孩子盡可能少受挫折。這分苦心能否真的得到回報，我們並不知道。就算這種方法短期內有效，孩子在學業上表現得很好，順利進入了好大學，但玻璃心一旦養成，副作用會非常大，一輩子都是大問題。換句話說，很多人雖然後來懂得把人生當作長跑的重要性，但是在年輕時養成了玻璃心，以後就無法為長跑提供動力了。我在清華大學當過班主任，入學時，一個年級兩百多名新生都是原本學校最頂尖的學生，但到了第一學期的期中考試，總要有人最後一名，總要有最後三分之一的學生，這時候哪些人具有一顆堅強的心臟、哪些人是玻璃心馬上就看出來了。前一種人可以跌倒，但是會爬起來不斷前進；而後一種人，即使老師費盡心思給予各種幫助，還是走不出心理陰影。後一種人並非智力、能力和知識不如別人，而是從小被養成了一顆玻璃心。等畢業後大家到了職場上，一切都要重新開始，那時可不會有什麼人來照顧「玻璃心」的感受了。

今天，當大家都在試圖搶先跑出去幾十公尺，或者訓練有爆發力而沒有耐力的短跑時，聰明人不妨練就一顆永遠摔不壞的強大心臟。有一顆強大心臟，就能夠不斷堅持地跑下去，即使跌倒，也能不斷爬起來。如果還能夠一邊跑，一邊欣賞路旁的風景，就更好了。最終跑到終點的會是這樣的人。

論運氣

我二〇〇三年博士畢業，校長威廉．布羅迪（William Brody）在畢業典禮上沒有講那些人定勝天的大道理，而是講了運氣對人一生的重要性。雖然事隔多年，他所講的內容我仍然記憶猶新。

我們從小被告知，每個人日後的成功要靠自己努力，我想這一點毫無疑問。不過今天我要說的是運氣的重要性。人一輩子總有走運和不走運的時候。接著要說的這個人在很多人看來實在是一個不走運的人。

不受運氣青睞的男人

他出生在美國中部的密蘇里農村，機會總是比出生在東部工業發達地區的人少很多（壞運）。這個人家裡世代務農，他們很樸實，但是不富裕，有人稱他們為「紅脖子」，這對那個年輕人來說並不算是什麼好運氣。

因此，這個年輕人在高中畢業後沒有錢上大學（壞運）。當時在美國為數不多、能夠免學費的大學是陸軍學院（即西點軍校），但是他的視力太差又不合格（視力分別是〇．四和〇．五，又是壞運）。

接下來的十二年，他都在家鄉的農村度過，做過雜工，在農場做了多年的農事，甚至為了餬口擔任過神職人員（還是壞運）。他曾經向中學的一位女同學求婚，但是被對方拒絕了，可能對方不想沾上他的壞運氣吧。

這段期間，他在密蘇里州國民警衛隊服過役，並且用業餘時間研讀法律，卻沒有機會從事這方面的工作，看來他的運氣實在不好。在第一次世界大戰期間，他擔任砲兵上尉到法國作戰，由於他表現英勇，榮升了少校。

有了軍隊服役的經歷後，他再次向那位女同學求婚，而對方答應了他，同時，他也得到去奧克拉荷馬州的錫爾堡防空砲兵學校學習的機會。眼看要時來運轉了，但是命運並沒有垂青於他。等他從砲兵學校畢業，戰爭已經結束了，各國都在裁軍，他沒有了去處，再一次遭遇壞運。

於是，他只好回家鄉開了一家小店。這時他三十六歲了，已經不算年輕。由於他經營不善，幾年後，小店在一九二〇年代美國經濟一片繁榮的背景下破產倒閉；壞運一直追隨著他。在經營小店時，他認為財政部長安德魯．梅隆（Andrew William Mellon）的政策不利於窮人，便參與了政治，成為一名民主黨黨員。

小店破產後，他競選當上了當地小縣的法官。這個職務和今天人們理解的司法人員不同，他實際上是個兼管當地治安的行政人員，因此每兩年就要選一次，果然兩年後他落選了，看來他的運氣依然不佳。這時他又進入大學研習法律，做為退役軍人，他上大學可以免費。就學期間，他競選所在縣的首席法官，結果選上了，當然也就離開了學校，這時他已經四十二歲了。

縣首席法官是中級公務員，沒有多少收入，影響力也有限，如果運氣好的話，可能在這個位置上一直做到退休。這位中年人的情況也差不多，他在這個位置做了八年，沒有任何升遷。這時，他已經五十歲了，剩下的機會不多了，於是他決定去競選密蘇里州的參議員。

不幸的是，他並沒有得到民主黨的支持，或許是大家覺得他運氣差吧，而且他前面還有四個更合適的候選人。按照慣例，他應該會在縣裡找一份有收入的虛職然後終老，但如果這樣的話，歷史上也不會有人知道他了。

不過就從這時起，運氣開始站到他這一邊，民主黨這四位候選人都出於某種原因不適合或者不願意競選參議員，因此該黨只好支持他出來競選。在接下來的選舉中，他戰勝了共和黨的候選人，這可能是他人生中第二次交好運。

一個來自密蘇里這樣的小州的參議員，原本沒有機會成為國家領袖的。然而到了一九四四年，他的好運又來了。羅斯福要第四次競選總統，他知道自己的身體已經無法做完下一個任期，因此副總統會遞補成為總統。

羅斯福最好的搭檔是當時的副總統華萊士（Henry Agard Wallace），但華萊士是傾向共產主義的左翼人士，並且和蘇聯走得很近。這在「二戰」期間沒有什麼問題，但戰後重建國際政治秩序之際，華萊士當總統會導致美國社會分裂。

因此，羅斯福需要找一個四平八穩、各方面都能夠接受的人選，於是這位一直支持他的新政、看上去毫無性格、誰都不會反對的參議員，反而成了合適的人選。就這樣，這位參議員的好運又來了，他在一九四五年成為副總統。幾個月後，羅斯福總統去世了，他繼任為總統。這就是美國第三十三任總統杜魯門。

時間是你的朋友，而時機不是

在接下來的演講中，布羅迪分析應該如何對待好運和壞運。根據我的理解和後來十幾年的體會，我認為他的意思是，人總有運氣好和運氣不好的時候，只要肯做就不會餓死；李白也曾說，「天生我材必有用」，道理也差不多。每次我陷入困境，要尋找出路時就會想到李白這句詩。人在運氣不好的時候，最需要的不是盲目的努力，而是慢下來思考，耐心地做事。為谷歌員工講授「金融學一〇一」[10]課程的柏頓．墨基爾（Burton Malkiel）老師總是說：「時間是你的朋友，而時機不是。」也就是說，耐心是成功的第一要素。在過去四十五年裡，美國股市的報酬率大約是百分之七（略低於百分之八的整體歷史平均值），累計到今天，大約漲了二十多倍。但是，如果你錯過了股市增長最快的二十五天，你的投資報酬就少了一半，每年只有百分之三．五，這樣四十五年下來，你的報酬不到四倍，也就是說，財富積累至少會少百分之八十。至於那二十五天是什麼時候，沒有人知道，聰明的投資人會長期投資股市，而不是試圖投機挑選最低點和最高點。因此，擺脫壞運的關鍵是耐心，讓時間成為我們的朋友。當然，杜魯門在不走運的時候其實已經

10　在美國的大學裡，入門的專業課程都使用一〇一的編號。金融學一〇一的含義就是最基本的金融學常識。

為後來做了很多準備，這就不一一細說了，「機會是給有準備的人」已經是老生常談了。其實，任何經歷只要善加利用都是財富，不善加利用都是浪費時間。一個有心的人，會善於把過去的經歷轉變為今後成功的基石。杜魯門成功的要素，第一恐怕就是耐心，他有足夠的耐心等到時來運轉；第二是他善於把過去看似沒有多大用途的經歷，變成幫助日後成功的財富。

杜魯門的成功還有一個重要因素是低調和樸實。英文「humble」一般翻譯成「謙卑」，但其實沒有多少「卑」的含義，而是指樸實低調，更多的是「謙」的含義。我孩子的老師在教授為什麼humble是一種美德時說，humble的人常常比誇誇其談的人更有自信，因為他們不需要透過吹噓讓別人知道自己的能力。杜魯門能當上副總統，主要是靠他humble的特質，羅斯福身邊並不缺聰明人，但是杜魯門卻是為數不多能夠為各方所接受的人。

一九四八年，杜魯門在爭取連任時運氣實在不算好，很多人一開始都不支持他，外界也不看好他，在蓋洛普民意調查中，他一直落後對手杜威（Thomas Dewey），這種情形有點像二〇一六年的川普。所幸杜魯門和川普一樣，都不是玻璃心的人。在困境中，杜魯門善於在不利的條件下做事的本領發揮了作用，他並沒有什麼好方法，比對手多的就是耐心和踏實。他一個選區、一個選區拉票，有時一天做很多場演講，有的演講就只有幾個人聽，但他依然認認真真地做。最後，幸運之神終於眷顧他。社會上不是強者生存，而是適者生存。

杜魯門一九四八年成功當選的原因有多少是出於運氣呢？非常多。不過，正是因為他了解這一點，所以一生都很humble，沒有為自己的成功沾沾自喜，這才讓他的後半生不斷得到好運。

我們在生活中經常遇到這樣的人，成功了覺得是自己努力的結果，失敗了就是運氣不好，經常抱怨命運不公平。君不見，每逢股市暴漲，十三億神州盡股神；股市暴跌時，大部分人都認為是市場錯了，自己不過運氣不好而已；更有一大批瘋狂投機者，賠了錢就聚眾滋事，希望政府買單。今天的美國也有同樣的情況。大部分長期領救濟金的人都抱著這樣的想法：自己不過是運氣不好而已。但是，如果一個人能反過來想，在成功時感謝幫助過自己的人，感謝上天的安排；在厄運中則泰然自若、看清自己，或許更容易等到時來運轉。在我接觸過的成功者中，絕大部分都認為自己不過是運氣好，不炫耀自己的能力，也不過分強調自己的努力。有了對運氣的認同，人就會少一些怨氣，就能更平和地做事，也就更接近成功。

既然我們認同運氣的重要性，也就不必對自己太苛求。如果有足夠的耐心、有好的方法、有持之以恆的努力，或許運氣會降臨到我們頭上。但是，如果我們努力了，運氣依然沒有來，怎麼辦？在這種情況下，我總是用約翰．甘迺迪的話安慰自己：「問心無愧是我們唯一穩得的報酬。」因為我能做的不過是「盡人事，聽天命」而已。

比貧窮更可怕的是什麼？

《矽谷來信》的一位讀者留言：她的朋友對她說，過去窮怕了，所以現在行為有點乖張，請她見諒。實際上，她的朋友現在不僅不窮，而且擁有多間房子，以中國現在的房價來衡量算是頗為富有，但過去的習慣一點都沒有改。

她說的這種現象似乎並不少見，「小時候窮，一輩子窮」這句話被很多人用來形容逆襲的艱難。小時候貧窮確實會帶來很多不良的後果，比如缺乏安全感，或者一旦有了權力就會用非常赤裸裸的手段貪腐等等。

所謂人窮志短，意思是說貧窮會令人走不出原有的生活圈，以至於缺乏遠見，或者小時候因為貧窮受到太多人冷眼，日後一旦得勢，為人會變得冷漠。

但是，對於「小時候窮，一輩子窮」這種說法，總括來說我並不認同，因為我周圍很多人小時候過的都是窮日子、苦日子，長大後不但沒有上述毛病，反而因為吃過苦，更有動力努力向上，也更懂得珍惜獲得的每一分、每一點，甚至在經濟條件變好之後開始回饋社會，對周圍朋友也相當慷慨。美國著名慈善家麥克．彭博（Michael Rubens Bloomberg）只是一個送牛奶工的孩子，上大學時靠打工餬口，他曾說，當時自己每週薪水只有三．五美元。但是等他有了錢，每年都是幾千萬、幾億美元地捐款，僅是他的母校約翰·霍普金斯大學就獲得了十一億美元的巨額捐贈。

相反的，我也看過不少從小錦衣玉食的孩子，長大後除了追求更多的物質享受外，沒有什麼值得一提的地方。其中一些人如果將來家道中落，日子可能還會相當難過。很多人都奇怪，以曹雪芹的才華為什麼會混得如此之慘，歷史上雍正皇帝對他們家其實不算太苛刻。後來我遇到一位身世和曹雪芹類似的長輩，就很能體會曹雪芹為什麼落得那樣的下場了。這位長輩的家庭環境曾經非常優渥，過去上海很多大樓都是他們家的，但一九四九年後家道一落千丈，心裡的落差可想而知。雖然他才華橫溢，但一輩子仕途平平，過得一般，別人對他的評價是不諳世事。

同樣的道理，為什麼茨威格會自殺。讀他的《昨日世界》（*Die Welt von Gestern*），就能理解一旦失去曾經擁有的自由、美好的世界，是多麼的絕望。簡單地說，由儉入奢容易，由奢入儉難。如果能選擇是先窮還是後窮，我想大部分中國人會選擇前者，因為先窮畢竟還有希望。相比之下，今天很多歐美人選擇了後者，先過兩天好日子，哪管將來生活怎麼樣呢，結果一天過得不如一天！

很多人所說貧窮帶來的諸多弊病確實存在，小時候貧窮和將來的發展不順遂確實有很大的關聯。但是，相關並不代表就是因果關係。我在德國時，德國人和我說，過去他們一直認為女性比男性更適合釀製啤酒，這在統計學上也是成立的，因為事實如此。但原因與性別無關，德國家庭中多由女性做麵包，因此她們身上沾附酵母，而酵母決定了啤酒味道的好壞。了解這個因果關係後，男性同樣能釀出上好的啤酒。如果我們能夠找到貧窮影響人一生發展的根本原因，那麼即使小時候貧窮，將來也未必沒有機會。相反的，即使小時候富有，也得杜絕很多壞毛病，否則也會落得窮到只剩下錢的下場。

我發現，活得諸事不順的人都有三個共同點。

一、缺乏見識，難以開拓眼界

首先，缺乏見識。沒有見識，視野就受到局限。你可能有這樣的體會：和某些人講道理永遠講不通，並非是那些人故意要和你作對，而是他們實在沒有見識，雙方的認知水準不同。

《莊子．外篇．秋水》提到：「夏蟲不可以語於冰者，篤於時也；曲士不可以語於道者，束於教也。」[11]就是這個道理。少和見識貧乏的人來往，更不要和他們爭論，因為道理講不通，徒費口舌。

二、缺乏愛，成不了大事

其次，缺乏愛。我們常說某人太小家子氣，成不了大事。小家子氣，其實就是缺乏愛的表現。有些人說，貧窮的人小時候被人瞧不起，於是長大之後沒有安全感，對錢特別貪戀。這個

11　夏天的蟲子不可能談論冰，是因為受到時間的限制，牠們活不到冬天；鄉曲之人無法和他們論道，因為他們受制於教育程度不高。

解釋未必說得通。除了聖人，誰都或多或少有一點貪欲。窮人也有不貪的，富人也有極為貪婪的。很多人小時候因為家裡窮，父母沒有條件關愛他們，而在學校和社會上又常常遭人冷眼，因此缺乏關愛。這造成他們不懂得關愛別人、不懂得分享。也有一些人，小時候其實家裡不窮，但是沒有培養關愛他人的習慣，以至於長大以後非常小家子氣，這在獨生子女身上特別明顯。

有一次，一位自身條件很好的女生提起她的一個困惑。她交往過的幾個條件很好的男朋友都和她分手了，對方給她的評價是不懂得如何愛別人。開始她以為是對方想分手惡言相向，沒有在意，但第二次聽到同樣的話就有點害怕，於是她試圖去愛，但是做不好。後來她想，可能因為自己是獨生女，從小就沒有分享的習慣，而周圍人對她又是有求必應。這已經是好幾年前的事了，我之所以還記得是因為它引發我思考獨生子女的問題。

在我看來，獨生子女帶來的社會問題並非缺乏勞動力，而是很多人缺少了家庭生活和親戚關係。第一代獨生子女感受不到兄弟姐妹的關心，到了第二代連堂表兄妹的關係也消失了，這才是可怕之處。缺乏愛的人難以大氣，不大氣的人做不成大事。很多人以為有了錢就有一切，但如果錢花在自己身上，並沒有發揮它的最大功效；相反的，如果能花在別人身上，回饋社會，將會獲得更高的回報。

三、缺乏規矩，人人和你作對

最後，比貧窮更可怕的是缺乏規矩。缺乏規矩會讓人踩到別人的痛處而不自知，結果就是，輕則沒有人願意幫他們，重則會和他們作對，而活在世界上沒有人幫助是不行的。當然，這些人也會感覺到他人的不友善或是敬而遠之，但常常不知道原因，於是便對人、對社會產生一種戾氣。

前陣子有一則新聞：一個七十歲的老太太往飛機發動機裡撒了一把硬幣，說是祈福，不僅造成不小的經濟損失，還耽誤了他人很多時間。在中國沒有民事訴訟賠償，但在某些國家，航空公司不僅可以起訴她索賠鉅款，其他乘客也可以要求她賠償時間損失，這可不是一件小事。這位老人很壞嗎？未必。有人說她沒有常識，其實不是沒有常識，而是沒有規矩。更早以前，東方航空公司曾有一位乘客因為手癢放下了逃生梯，這也是沒有規矩的典型表現。網路上經常看到「熊孩子」這三個字，熊孩子的特點就是缺乏規矩。小時候缺乏規矩，長大以後就沒有守規矩的習慣，那麼將來的麻煩就大了。

缺乏見識、缺乏愛、缺乏規矩，比缺錢更可怕。沒有錢，有一輩子的機會能夠賺，而缺乏這三樣東西，長大再培養的難度非常高。其實缺乏這三樣東西和窮沒有必然的關聯。很多人說，現在社會分階層了，我們的孩子沒有機會，其實機會總是有的。貧窮可能會在短期內讓物質條件差一點，但是並不影響父母在見識、愛和規矩上培養好孩子。有了這個觀念，做到這些事就不難。反之，家裡富裕，孩子也不一定就有見識、有愛心、守規矩。

因此，小時候貧窮不是孩子將來不能成功的理由。

對話莊子：談談見識

我在《矽谷來信》專欄中與七、八位中外先哲對話，莊子是我對話的第一位中國人，也是我的精神導師。

第一次讀《莊子》，我就被其中的〈逍遙遊〉深深吸引。這篇不朽的名著，開頭就非常有氣勢。

北冥有魚，其名為鯤。鯤之大，不知其幾千里也。化而為鳥，其名為鵬。鵬之背，不知其幾千里也。怒而飛，其翼若垂天之雲。是鳥也，海運則將徙於南冥。南冥者，天池也。《齊諧》者，志怪者也。《諧》之言曰：「鵬之徙於南冥也，水擊三千里，摶扶搖而上者九萬里，去以六月息者也。」

大意就是，北方的大海有一種魚，叫做鯤，鯤的大小有幾千里。從這裡我們可以看出莊子的想像力之豐富。鯤變成鳥，叫做鵬，鵬的背有幾千里寬。怒而飛，翅膀像掛在天邊的雲。這隻鳥在海裡運動（飛翔），要飛到南海。南海就是天池。《齊諧》一書記載了怪異的事情。書上說，鵬在飛到南海的過程中，擊水一下進三千里，扶搖直上九萬里，離開北海六個月才歇息。

毛澤東至少兩次在自己的詩詞中引用這篇文章，一首是《念奴嬌．鳥兒問答》，開篇第一句便是「鯤鵬展翅，九萬里」；另一首是他年輕時寫的，全詩他自己只記得兩句：「自信人生二百年，會當水擊三千里」。

我最早讀《莊子》是在高中時期，那時年輕，讀完這一段豪氣頓生，覺得這輩子應該做點大事。今天再讀它，則感嘆自己渺小。在經歷了很多事情之後，我懂得了天外有天，看看自己前面的人，明白自己與他們之間還有很大的差距。我不知道二十年後再讀《莊子》又會有什麼感想。

人最終能走多遠，取決於見識

莊子在他的另一篇〈秋水〉中，闡述了見識的重要性。文章一開始講百川匯於大河，河神覺得很了不起，等到了海裡，「望洋向若而嘆」、「『聞道百，以為莫己若者』，我之謂也」。「望洋興嘆」這個成語便源自於此，當然至今含義已有所不同。

很多時候，成敗與否取決於見識的高低，而不是自己努不努力；見識的高低，則取決於環境。前文提到《莊子》中「夏蟲不可以語於冰者，篤於時也；曲士不可以語於道者，束於教也」這句話。人最終能走多遠，取決於見識。我們常說「名師出高徒」、「與賢於己者處」，實際上就是為了提升見識。

二十多年前，我在國內做語音辨識做得還不錯，去日本開了一次國際會議，對比當時國內和麻省理工學院、卡內基美隆大學的語音辨識水準，就有了「望洋興嘆」的感覺。於是，我放棄了很多已經得到和即將得到的利益，在二十九歲那年跑去約翰．霍普金斯大學著名的語言與語音處理實驗室攻讀博士、做研究。在那裡，我遇到了很多世界級的大師，見識到許多過去在國內見不到的技術，眼界才開闊起來。如果沒有這段經歷，我可能就像那隻「夏蟲」，自己覺得過得很好，不知道外面的天地有多大。

毛澤東老家的一些親戚曾到北京來看他，他談到了表哥王季范將他帶出閉塞的韶山沖，到了湘鄉，他才知道天下之大。今天，由於交通和通訊技術發達，我們增加見識要比過去容易得多。但是在我們心中，有時依然會築起一道牆，阻礙了我們的見識。學習的阻力很多時候來自我們自己，而不完全是環境。

從宏觀的角度審視自己

很多人之所以不願意抱著開放的態度去接受新東西，是因為已經很滿足於自身的成就和環境，或者說已經覺得自己很了不起了。然而什麼事情都是相對的，莊子在〈逍遙遊〉裡說大和小是相對的，我們自己覺得很大的東西，放到更大的環境中就顯得渺小。〈逍遙遊〉裡還說到時間的長短也是相對的，寒蟬的壽命很短，而大龜的壽命很長，牠把五百年當作春，把五百年當作秋，但是相比古樹大椿，就又顯得很短了，因為大椿把八千年當作春，把八千年當作秋，這就是長壽。當然，比起莊子，現代人對時空的概念有了更深的認識，相比宇宙，一切都是渺小而短暫的。

若我們只看到眼前、只看到周圍，做了一件好事、受到一些誇獎，就不免沾沾自喜，拿來炫耀，但是如果放到一個大時代中，我們做的這一點點事情就算不上什麼了。同樣的，如果把我們所處的時代放到歷史長河中，也不過是一瞬間而已。想到這裡，我們那一點點成就難道還值得沾沾自喜嗎？我聽很多人說，自己多麼忙，做的事情多麼重要，以至於沒有時間享受生活。但是如果靜下心來仔細想想，果真如此嗎？很多人做的事情看似重要，可如果跳出自己的框架看，其實是可有可無。

在IT領域大家喜歡舉微軟 Office 軟體的例子，這款軟體讓我們的工作效率大大的提升，以至於幾乎天天都會用到。按照道理說，不斷改進和完善 Office 的工作是非常重要的，在微軟內部，每年有上千名工程師在處理這件事，每個人說起自己的工作都很重要，少了他似乎整個軟體就不能用了。但是，在過去十多年裡，這款軟體其實並沒有多大變化，也就是說在十幾年的時間裡，那些自認為重要的工作其實可有可無。之所以如此不是因為軟體研發者的智力不夠，而是沒有將自己的工作放到一個更大的時空做評價。

二〇一〇年，我到西敏寺拜謁牛頓墓，那裡也安葬著其他改變世界歷史的偉大人物，比如達爾文。在西敏寺裡，我感慨萬分。由於教堂內空間有限，很多偉人包括達爾文的棺槨都只能豎著埋葬，任何人在歷史的長河中都顯得渺小。所謂「高瞻遠矚」其實就是要我們把目光放遠，不要為眼前那一點點成就而沾沾自喜。

此外，並不是什麼東西都是越大越好，過分追求大、追求長遠，很可能一事無成。莊子說，從細小的角度看宏大的東西是不可能看到全部的，但是，從宏大的角度看細小的東西也不可能真切。大和小雖有不同，卻各有各的合宜之處，也就是說，如何拿捏，讓它們相輔相成，就是藝術了。

我在閒暇之餘或者遇到想不開的事情時，就會拿出《莊子》隨便讀一段。然後，回顧一下自己做的事情，想想我的煩惱，對照莊子說的話反思一下，很多時候就豁然開朗了。這本書值得每個人好好研讀、細細體會。

閱讀的意義

有一天下午，我在小鎮的圖書館遇見一位老奶奶，她借了一本《哈利．波特》，我問她：「您也喜歡看這類書？還是幫您的孫子孫女借的？」她告訴我，是她自己想讀一讀。原來，她發現自己和疼愛有加的孫子陷入「無話可說」的尷尬窘境。每次她打電話關心孫子的生活，對方的回答都只有三個字：滿好的。

有一天，她問孫子在看什麼書，孫子說自己剛開始看《哈利．波特》。這位奶奶決定看看這本書，於是就借了第一冊。看完之後，他們之間多少有了些話題，於是她決定再看第二冊，以便今後能以此打開話匣子。在此之前，她只有聽過這本暢銷書的書名而已。

這位老奶奶和她的孫子雖然有血緣關係，但是並沒有什麼交集，老人的舐犢之愛是出於人類的本能，但是孫子未必能理解老人的苦心，更何況當老人照顧他時，他還不懂事。他除了被父母告知這是他奶奶之外，恐怕想不出這個老人和自己有什麼關係。但是現在他們有了，書中的內容就是交集。

結識志同道合的好友

閱讀是一個永恆的話題，它不僅僅是透過文字獲得資訊，而是一種生活行為。除了獲取資訊，閱讀還有很多用途，比如交友。

錢鍾書在《圍城》中說到一個觀點，借書有利於男女之間交往，因為年輕男女交往起來總不免害羞，借書是一個好藉口，借一次書，還一次書，至少就接觸了兩次。其實，如果考慮到他們可能還會談一點書中的內容，接觸的機會就遠不只兩次了。

富蘭克林在他的自傳中講過類似的事情。富蘭克林曾經有一個政治上的對手，那個人頗有影響力，但支持他的政敵，於是他想拉攏那個人。我們一般能想到的辦法是好言相勸，曉之以理，誘之以利，甚至懇求對方。但是富蘭克林的方法卻很有創意，他去向對方借書，而對方還真借給他了，於是兩個人後來成為朋友。為什麼借書這個方法在當時的情況下可行？因為這代表兩個人至少有共同的語言。在此基礎上，談合作也好，談利益也罷，才能相互溝通，至於什麼惺惺相惜，那都是深入交往後的結果。

放慢腳步，審視人生

當然，如果僅僅是為了交朋友而閱讀，還是有點太功利了。閱讀最主要是為了改變當下的生活方式，特別是網路出現後，我們很容易獲取知識，但卻比過去任何時代更需要閱讀。

現代人每天行程都非常滿，也一直抱怨自己太忙，但並不清楚時間都花到哪裡去了。雖然我們的收入比長輩多出很多，但錢總是不夠花，很多年輕人反而要向老人拿錢。我們總是在買一些並不需要的東西，然後又為了它們堆滿房間、塞滿抽屜而心煩。我們有很多提高效率的工具，但是效率並沒有真正提高，搞得我們睡眠不足，睡眠品質也差。我們和許許多多所謂的「熟人」加微信，但是能說真心話的朋友卻越來越少。我們每天刷視頻、刷消息，但是半個月後那些內容我們根本記不住，對我們也沒有產生任何影響。

其實這些現象的背後透露出一種恐懼，生怕自己錯過些什麼的恐懼。不論我們身在何處，總怕沒有看到某一條消息，錯過了某一次機會。我們總希望能經歷更多有趣的事情，看到更多的好風景，品嘗到更多的美食。我們稱之為快節奏，但其實再回首，我們是沒有節奏。

蘇格拉底臨死前說，未經審視的人生不值得度過。而審視人生需要有閒暇。我們今天有很多獲取知識和資訊的管道，但是這些不能幫助我們審視人生，因為它們不是帶給我們閒暇，而是讓我們更沒有閒暇思考。讀書則不同，尤其是讀紙本書，我們必須花比較長的時間不做其他事情，才能投入書中。正因為不得不把手上的事情放一邊，才能審視人生。因此在我看來，閱讀是少數可以讓我們審視人生的方法之一。

認識自己、認清世界

一本好書也可以讓我們重新認識自己、認清世界，解答心頭百思不得其解的疑惑，並最終成為一個更好的人。我曾經多次閱讀《富蘭克林自傳》，每次都有不同的感受，它能不經意地提醒我一些內心明白卻總是淡忘的道理。在書中，富蘭克林是一個活生生的人，與他對照，我便能審視自己的不足。

我有時會想，自己走上科學研究這條路，或許和兩本書有關。小時候，父親借來一本科普讀物《地球》（很遺憾，後來我想再找到這本書卻一直未能如願），這是一本介紹地理和天文的讀物，我那時還不識字，裡面的內容是父親講給我聽的，讓我第一次體會到宇宙之大，遠遠超出人們所能觀察到的地方。這本書讓我對這個世界產生好奇和想像，而那時我有足夠的時間反覆思考書中的內容。小學畢業時，我讀了加莫夫（George Gamow）的《從一到無窮大》（*One, Two, Three...Infinity*），算是對數學有了完整的認識。在此之前，數學對我來說是課本裡那些具體卻沒有系統的東西。當然加莫夫講的很多內容當時我還不能完全理解，後來當我學了更多的科學知識，再次翻看這本書，就發現裡面的內容我又多懂了點，直到最後我能完全理解這本書的內容。加莫夫是著名的俄裔美籍物理學家，提出了宇宙大爆炸和核聚變理論。我雖然不可能見到他，但是透過他這本科普書，我能體會到他對數學的認識。後來我發現，其實我對數學的理解和他是一致的，進而促使我學習他也寫了一本數學的科普讀物，就是《數學之美》。

無論好書壞書都有觀點

如今是知識爆炸的時代，市面上的書很多，許多人會糾結讀什麼書，甚至期望讀一本書就能夠改變自己的人生態度、思想和行為。一本好書，如果引起人的共鳴，確實在這些方面能提供巨大的幫助。但是我們如果為了一個非常明確的目的去找一本書閱讀，未必能達到預想的效果。很多勵志書、暢銷書便是如此。它們的書名、標題和內容簡介讓人乘興而來，以為讀完之後就能脫胎換骨，但是最後，通常會發現裡面都是些絕對正確又絕對無用的大道理，不免掃興而去。我不是一個守規矩或者有系統的探尋者，選書時不會想太多，看到什麼就讀什麼。好書往往是在不經意間發現的，我記得最初買《曾文正公家書》時，只是出於對「鎮壓農民起義的劊子手」的好奇，後來發現裡面充滿了哲理和智慧。這套書也對我產生了巨大的影響。

如果選了一本「壞書」，我或許讀不下去，扔到一邊，這並沒有浪費我的時間，因此對我來說也沒有什麼損失。當然，我可能在讀完之後完全不認同其中的觀點，但也未必全無收穫。我讀過文革期間的一些暢銷小說，發現完全不能認同作者的觀點和價值觀。但是，讀完後不禁想，我們曾經歷過如此荒唐的年代和有如此荒唐的想法，也算是一種警示。此外，我也能理解那批作者的無奈。想到這些，才能更珍惜今天。

肯定生命，對抗生命的無常

閱讀不僅讓我們在冷酷無情的科技時代獲得喘息，重啟了大腦深入思考的功能，還能抵抗狹隘、思想控制和輿論支配。一九九五年，約翰．霍普金斯大學高級國際研究學院的學者、伊朗裔暢銷書作家納菲西（Azar Nafisi）女士在德黑蘭帶領一個學習小組，強化了文學在許許多多人心中的力量。她在《在德黑蘭讀羅莉塔》（*Reading Lolita in Tehran*）一書中寫道，所有傳世的文學作品，無論呈現的現實多麼嚴酷，都有一股借著肯定生命來對抗生命無常的反抗精神。作者以自己的方式重述故事，透過小說中的現實創造出一個新的世界。每件偉大的藝術品都是讚頌美好，都是對人生的背叛、恐懼與不義的反抗。

每個人都可以選擇生活方式，但是閱讀本身就是一種生活方式。前一陣子我在修訂《大學之路》第二版的內容，讀到牛津大學的歷史，裡面介紹了牛津大學聖艾德蒙（〔St Edmund〕，十三世紀的坎特伯雷〔Canterbury〕大主教）的一句話：「Study as if you were to live forever, live as if you were to die tomorrow.」[12]翻譯成中文應該是「終身學習，向死而生」。這句話算是對閱讀的另一種詮釋吧。

12 這句話曾被甘地等多人引用，但最初的出處是聖艾德蒙。

第四章　大家智慧

歷史上傳頌至今的名人大家，在不經意間將人生的感悟告訴我，也不知不覺影響了我。後來，我有機會遇到世界上很多優秀的人，他們的思維方式同樣影響了我。

莎士比亞的智慧：論朋友

在風險投資領域有一條金科玉律：投資就是投人。那麼，評價人的關鍵是什麼呢？

對於創業者的評價，我的體會是品德，尤其是誠信比能力更重要。在風險投資中，當你把幾百萬元、幾千萬元，甚至更多的錢，在沒有任何抵押的情況下交給一個不認識的人，讓他創業，這個人首先必須讓你信得過。創業者如果騙投資人的錢，通常投資人是毫無辦法的。我見過不少創業者，一旦公司經營不順，就把公司的技術和產品拿出去再創一個公司，去融新的資金。同時宣告原來的公司破產，這樣投資人的錢就不用還了。國內一個非常有名的早期投資人，或許是被這種沒有誠信的創業者坑怕了，後來投資創業者時都要加上一個霸王條款：如果你拿了我的錢把公司搞砸了，只要你還打算繼續開公司，我給你的錢永遠算到你的新公司裡。那位投資人和矽谷的同行聊到這件事時，剛開始大家對他訂這種霸王條款頗為不屑，但後來聽他說了很多被騙的經歷後，都表示理解。當然，這樣像防賊一樣防人的做法，也會讓一些講誠信卻首次創業失敗的創業者在二次、三次創業時背上很重的包袱，這就是不誠信為社會帶來的成本。人們通常會看重創業者的能力，但是在能力之上還有品德。

朋友是一生最大的投資

不僅投資人要考慮投資對象的品德，朋友之間的交往也是如此。朋友的交往其實也是一種投資。由於基因的局限性，我們很難同時交往超過一百五十個人。[13]一百五十個人是你一生能在親友方面投資的總額，而親戚們可能又占掉了其中的一半，剩下來能夠交往的朋友或者合作夥伴就很有限了。成功的人其實在很大程度上是靠找到志同道合、對他最有助益的人幫助他，而運氣不好的人，可能是因為交了狐朋狗友。因此成功交友是人一生最重要的投資。在這方面，對我影響很大的是莎士比亞的一段話。

莎士比亞的《哈姆雷特》公認是他一生中最重要的作品。大部分人都知道其中那句名言：「生存還是毀滅，這是一個問題。」（To be or not to be, that is a question.）但我覺得更重要的是老臣波洛紐斯（〔Polonius〕，奧菲莉亞〔Ophelia〕的父親）對他兒子雷阿提斯（Laertes）的一番忠告，這其實是莎士比亞的人生智慧，只是借波洛紐斯的嘴說出來而已。這段話很長，我摘錄有關的說：

◎凡事三思而行，不要想到什麼就說什麼。這其實是教導我們為人做事要持重，要多動腦筋，不要毛毛躁躁。這是現在很多人的通病。

13 研究顯示，鄧巴圈（Dunbar circle）的人數，也就是鄧巴數，一般而言，因為人類認知能力的限制會保持在一百～兩百五十人，大多是一百五十人。

◎對人要和氣，但不要過分狎暱。很多時候，禮數有加，但保持距離是朋友之間最好的交往方式。

◎相知有素的朋友，應該用鋼圈箍在你的靈魂上，可是不要對每一個泛泛的新知濫施你的交情。

這三條也是我一生交友的準則。人一生總能認識一些摯友，他們是我們一生最大的財富。我到谷歌後認識了後來長期合作的夥伴朱會燦博士。會燦在谷歌比我更資深，他曾經一個人開發了谷歌的圖片搜索，並且和傑夫·迪恩（Jeffrey Adgate Dean）等三個人一同開發了谷歌雲端運算平臺中的存儲部分（GFS）。我到谷歌後不久，會燦找上我，我們一同建立了中日韓文搜索的團隊。會燦和我不論個性、經歷以及愛好都相差甚遠，但他是一個非常理性而大氣的人，從來沒有倚老賣老，因此我們合作得非常愉快。二〇〇五年，谷歌要在中國發展，他和我都不適合、也沒有精力到一個新的地方運營龐大的分公司，於是我們達成共識，要請一位更有資格的人擔當此事。後來在我的推薦下，公司請來了李開復博士負責大中華區和亞太的業務。會燦自薦擔任開復的副手，而我對理論研究更感興趣，就回到我的老闆諾威格博士（Peter Norvig）那裡，負責谷歌自然語言處理的一些工作。以後我們工作上其實沒有交集了。

二〇〇九年，騰訊找我，希望我加入他們。我需要有一兩個夥伴一起工作，而我首先想到的便是會燦。由於會燦也有意試試新的機會，於是第二年我們一起到了騰訊。兩年後，我需要回到美國，就和他商量了我的想法，他不反對，於是不久後我回到了谷歌，而會燦考慮良久，也在半年後隨我再次回到谷歌。又過了兩年，我完成了在谷歌的任務，決定自己創立一家風險投資基金，事先我也把想法告訴了他。由於初期基金規模小，福利和醫療保險肯定比不上谷歌，因此那時我也不建議他離開公司。不過我告訴他，等到基金規模大了，會為他保留合夥人的位置。兩年後，我們基金做得不錯，福利也可以向谷歌看齊了，於是建議他加入我們，而他也如約答應了。像會燦這樣的人，是我最應該珍視的財富。

上當一次就夠了

人一輩子做事情，不可能沒有人幫忙，而這個合作夥伴的選擇至關重要。有些時候，考察一個人只要看看他的朋友圈就行了。人遇到一個合適的夥伴不容易，因此要像莎士比亞說的那樣，「用鋼圈箍在你的靈魂上」。當然，莎士比亞還說了後半句話，「不要對每一個泛泛的新知濫施你的交情」。一個人因為交往的頻寬有限，不可能和所有人交情都很深，一個表面上對所有朋友一視同仁的人，實際上是很難有至交的。我過去有一個非常不成功的老闆，當年是專業能力頗強的新銳。因為他做事無私心，老局長很喜歡他，就提拔他。這位老闆是一個好好先生，對所有部下一視同仁，他自己覺得這很公平。但是不到兩年，所有能幹的部下全跑光了，手下剩的都是平庸之輩，他一點業績也做不出來，於是很早就退休賦閒了。

人的出生無法自己決定，周圍的家人、親戚基本上是固定的，無法改變，能自己決定和選擇的只剩朋友了。好的朋友是巨大的財富，而損友則是巨大的負債。至於如何避免損友，每個人都應該有自己的方法，當然很多人一輩子找不到合適的方法，最後死在所謂朋友的手裡卻不自知。

你如果問我是怎麼做的，我用的是曾國藩的原則，簡單地說就是不要給損友第二次機會，永遠不要來往。曾國藩在家書裡寫過這樣一句話：「袁婿荒唐……永遠絕之。」一非常堅決。這裡說的「袁婿」是指曾國藩的四女婿、他的老朋友翰林袁芳瑛的長子，非常不成器。曾國藩的這種做法也給了我很多啟發。

我對任何人，一般都先假設他是正直、善良和誠信的。當然，這樣一來我很可能會上別人的當，而在生活中我也確實如此。不過這沒有關係，我只會上一次當，因為在上當之後我不會給那些人第二次機會。你可能會問，這樣一來，是否會錯失很多本來能夠成為朋友的機會，因為人是會改變的，他可能會變好。是的，人確實會變好，但是已經與我無關了。要知道，可交往的人很多，而你的時間和精力只能維持少數幾十個。這種笨方法能夠避免在朋友關係的投資上遇見填不滿的無底洞。我們都知道，不知道停損的投資者注定會傾家蕩產，在朋友關係上也是如此。

在我的心目中，莎士比亞和曾國藩都是智者，他們的建議都是金玉良言，我也是身體力行。朋友是我們一生的財富。

賴利・佩吉的經營管理智慧

谷歌的成功在很大程度上要感謝兩位聯合創始人：賴利・佩吉和謝爾蓋・布林（Sergey Mikhaylovich Brin）。我在二〇〇二年剛到谷歌時，佩吉還不到三十歲，是主管產品的總裁；布林比他大幾個月，是主管工程的總裁。今天在美國大部分公司裡，首席執行長是實職，總裁反而是虛職，有點榮譽職位的意思。很多公司在剛成立時由創始人負責，但是成長起來後就交給了專業經理人，然後給創始人一個總裁的虛職以表示尊重。二〇〇一年艾立克・史密特（Eric Schmidt）來到谷歌擔任首席執行長，很多業界人士認為谷歌完成了權力交替，再加上隨後佩吉和布林在媒體上露面不多，大家也就沒有太把他倆放在心上。

但是，谷歌內部的人都知道，這兩位聯合創始人其實並沒有讓出大的權力。他們不做行政事務，是因為經驗不足、做不好，那些事完全交給了史密特；但是遇到重大事項，他們的意見才具有決定性，因為他們握有更多的股份和投票權。有一次記者問史密特，谷歌說「不作惡」，那麼「作惡」的標準是什麼？史密特半開玩笑地說，布林說什麼（是作惡）就是什麼。可見，這兩位創始人的影響力還在。佩吉和布林維持影響力的另一個原因是，他們和早期員工是同甘共苦創業的。在我的印象中，史密特晚上和大家一起吃飯的時間不多，而佩吉和布林總是和大家在一張桌子上吃飯，佩吉下午會和大家一起玩直排輪曲棍球，而布林晚上會和大家在休息室吃零食聊天。另一位在谷歌影響力非常大的高階主管霍爾茨（Holtz）也是每天晚上和大家一起吃飯，然後一起玩撲克牌等遊戲。

二〇一一年之前，谷歌的競爭對手，比如微軟，對谷歌有很多誤判，其中最大的誤判就是低估了佩吉的能力。有很長一段時間佩吉始終把自己放在學生的位置，把史密特看成老師，因此外界（尤其是微軟）常常把佩吉看成是走狗屎運的小屁孩，沒太把他當回事。佩吉從創辦谷歌開始，就潛心研究各個成功大公司的管理經驗，一有閒暇就讀各種公司的財務報表。

他晚上和我們吃飯時，常常一邊吃飯，一邊聊天，同時還在看財報。在谷歌，很多工程師讀財報的能力比得上高盛的分析師。由於輕視了佩吉的能力，很多競爭對手吃了大虧。二〇一一年，佩吉接替史密特再次擔任谷歌首席執行長，華爾街一度也很不看好他，但是後來證明，佩吉不僅有能力管好一間大公司，而且更有創新的眼光，也更銳意進取。在這裡，我和大家分享佩吉經營管理的三個智慧。

第一個智慧：把產品做成牙刷

第一個智慧體現在佩吉對於好的品牌產品的理解。所謂好的品牌產品，首先要功能好，其次要讓使用者認可相應的品牌。谷歌的產品就符合這兩個要求。谷歌是怎麼做到的呢？佩吉做了一個很容易理解的比喻。

一個好的產品要有牙刷的功能。牙刷有什麼特點呢？大家每天都要用牙刷兩三次，雖然每次只使用三五分鐘，但是由於每天使用，大家已經養成了習慣，就離不開它了。佩吉認為，好的產品要讓使用者每天都必須用上幾分鐘，就如同刷牙一樣，久而久之用戶便養成了使用該品牌產品的習慣。谷歌最成功的產品是搜索服務。特點是使用者每天都會使用兩三次，時間一長，用戶使用谷歌的習慣就養成了，而且會把谷歌的網頁設置成首頁。

讓產品具有牙刷功能其實並非佩吉發明的，寶僑（P&G）和可口可樂一直採取這樣的策略。寶僑是生產各種日用品的公司，產品包括Crest牙膏、汰漬洗衣粉、潘婷和海倫仙度絲等，大家每天都在使用，漸漸形成了「寶僑＝日用品」的既定印象。可口可樂也是如此。當消費者的習慣養成，只要不出大問題，就能獲得穩定的生意。

把產品做成牙刷看似容易，但是很多人做不到，因為他們沒有解決兩個根本性的問題。

第一，由於牙刷是每天都要用的產品，因此可靠和穩定非常重要，如果它時好時壞，哪怕百分之九十九是好的，只要百分之一不能用，大家都會很煩。谷歌搜索在中國市場之所以做不好，不是因為技術和產品，而是服務無法做到穩定性。如果一年中有十天連不上網，看似不多，但這個比例早已超過百分之一了。時好時壞的「牙刷」是不會有人要的。

第二，因為「牙刷式」產品的功能簡單，所以容易被同類產品取代。人都有好奇心，一個東西使用久了，總會有嘗試新東西的衝動，事實上，很多人使用牙刷常常更換款式。對此佩吉認為，要解決這個問題，就要用到第二招：爆款[14]。

一個好的品牌，每過一段時間就要為大眾帶來一個驚喜，提醒大眾它的存在。很多人都好奇為什麼可口可樂和寶僑每年要花掉上百億美元做廣告，就是因為每隔一段時間，就要加深消費者對它的印象。同時，這兩家公司還會配合廣告，每隔一段時間就在大賣場裡舉辦促銷活動，把新產品（哪怕只是換新包裝）放到商場最顯眼的櫃檯處，強化消費者對它的印象；這就是所謂的爆款效應。

英特爾（Intel）當年富傳奇色彩的首席執行長安迪・葛洛夫（Andy Grove）生前曾在一次會議上回答一個提問：為什麼昇陽電腦（Sun Microsystems）、SGI（Silicon Graphics）和摩托羅拉行動（Motorola Mobility）的 RISC 處理器比不過英特爾？在大家的印象中，RISC 處理器的系統結構比英特爾的 X86 更合理，如今的行動網路時代已經完全證實了這一點。對於這個疑問，葛洛夫說，當時做工作站處理器的幾家公司，都是每三十六個月左右推出一款性能是之前四倍的處理器，而英特爾每十八個月就推出一款性能是之前兩倍的處理器。雖然從效果來看，大家是以相同的速度進步，但是，那些做工作站處理器的公司推出爆款的週期太長，使用者已經開始遺忘他們了。而英特爾在此期間推出一款新產品，雖然只是走了半步，卻及時刷新了大家的記憶。

對於消費性電子產品，爆款行銷的週期要比電腦的處理器更短，通常是一年，時間訂在年底前的購物季。如果哪家公司不能夠在進入購物季前推出新產品，那麼明年的銷售就成問題了，只

14 意指人氣、熱銷商品。

要這樣的情況發生一兩次，品牌就會逐漸淡出消費者的視野。一九八〇、九〇年代，那些大家耳熟能詳的日本電器品牌進入二十一世紀後，不到十年就全線潰敗，原因雖然很多，但是有一點至關重要：在創始那一代退出舞臺之後，公司的執行力不足以每年推出爆款產品。

當然，爆款也不是越多越好，頻繁爆款既不可能也不需要。英特爾以十八個月為週期開發產品，工作量幾乎是競爭對手的兩倍，因此公司的管理能力和開發效率都必須遠遠高於同行。如果再進一步壓縮爆款週期，那麼不僅成本太高難以承受，而且從上到下為了趕進度，就不會太關注公司的長遠發展。同時，每個版本的變化太小也不足以讓消費者眼睛一亮。這就如同一些影視明星每隔一段時間就要搞出些新聞，但若天天炒作，就讓人煩了。

個人工作上如何貫徹佩吉的兩個做品牌產品的原則呢？在此分享一下我的體會。我在「得到」開設專欄時，雖然根據合約一週更新五次就夠了，但是我會天天更新內容，讓讀者習慣每天在固定時間來閱讀這個專欄。如果有時更新，有時沒有，大家就會覺得不可預期，不會每天都來，就養不成每天關注的習慣。一年的運營結果證明，《矽谷來信》專欄每篇來信的訂戶閱讀比例非常高，看來大家是養成了每天「刷牙」的習慣。不僅維護《矽谷來信》產品時如此，對於我之前寫的書也是這樣。我常年講課，時不時會在媒體上宣傳一下我的書，或者和讀者在網路上互動一下，就是做類似刷牙的事情。每過半年到一年，我會出一本新書，或者將舊書改版升級，目的就是給讀者驚喜，發揮爆款的作用。時間一長，大家就知道每過半年到一年，吳軍又有新書可以期待了。

對於職場上的朋友，我也常常建議他們靈活運用「牙刷」和「爆款」的原則。每週把自己的工作總結成三句話，週一早上彙報給老闆；每半年到一年就要有一個讓他驚喜的成果。這樣的員工，每個老闆都會搶著要。

第二個智慧：從本質中尋找商業模式

我認為賴利．佩吉的第二個智慧，就是為谷歌找到並且落實可以長期盈利的商業模式。

大家都知道谷歌早期是靠搜尋引擎技術起家，有了好的技術和產品，漸漸地就有了用戶和流量，但是接下來要怎麼賺錢呢？谷歌早期的商業模式跟今天很多公司類似，靠收服務費賺錢。當然，願意付費的通常是企業，於是谷歌就有兩條產品線：服務大眾的搜尋引擎和企業級的搜索伺服器。前者無法直接賺錢，只能透過給雅虎這樣的大型網路公司使用，才能收到非常少的使用費。谷歌在成立的第三年才簽下為雅虎提供搜索服務的合約，而合約金額一年只有七百萬美元左右，相當於今天谷歌半小時的收入。至於後者，即企業級的服務，谷歌做了一個特製的電腦伺服器。當你把這個伺服器接到公司內部網路時，它可以將公司內全部的檔案建立索引，然後提供公司內部網路的搜索服務。谷歌剛成立時，百分之九十以上的收入都來自這種伺服器。但是靠這種產品賺錢實在太慢，而且成本很高。這個體積和一臺桌上型電腦差不多的「盒子」，計算能力是桌上型電腦的八倍左右，集成了谷歌幾乎所有的程式碼，一共才賣兩萬美元，而且談合約需要短則幾週、長則數月的時間。到後來，最早負責開發企業級搜索服務的一位大學教授因為不看好谷歌辭職了，找來擔任首席執行長的一些企業家看了看公司，也搖搖頭走了。那麼谷歌是如何找到今天的商業模式，成功地將流量變現金呢？這和佩吉對相關產業的觀察和思考有關。

谷歌成立第三年，邀請了美國第二大衛星電視公司艾科思達（EchoStar）的老闆來分享（谷歌經常請各行各業的菁英來公司分享，從投資界名流到少林寺方丈，不管他們做的事和谷歌有關還是無關）。當時在網路泡沫化後，網路公司基本上死光了，其他公司也在萎縮，而艾科思達的業務卻蒸蒸日上。當時艾科思達的市值是一百多億美元，比市值萎縮後的雅虎大得多。聽完艾科思達老闆的報告，佩吉和同事們說：「你們看到了嗎？艾科思達所有的東西其實都不是自己的，它不會做衛星，衛星都是買來或租來的；它不製作電視節目，而是從媒體傳播公司取得授權；它也不做衛星天線（小耳朵）和機上盒，前者是從中國買的，後者是跟摩托羅拉訂做的。它做的事就只是把好的電視節目內容送到終端使用戶家裡。但是，就這麼一項，就值上百億美元。」

佩吉可能從艾科思達那裡受到啟發，也可能是艾科思達的想法和佩吉原有的想法不謀而合，不論如何，總之佩吉認定了只要把網路上有用的內容送到千家萬戶就行了。這樣的公司市值可以做到一千億美元，至於網路內容是誰的並不重要。後來**谷歌所有的產品都圍繞著「將有用的資訊送達每一個使用者」這一個核心**，至於賺錢，則找到了搜索廣告這個商業模式。從此以後，谷歌縮減了收費的企業級搜索服務，後來乾脆砍掉這項曾經占收入百分之九十的業務。也正是因為那一次轉型，才使谷歌成為最大的網路公司。

當然，今天很多人會說，我們也是這麼做的，也有不少用戶，流量也不小，但為什麼不賺錢呢？請注意，佩吉說的不是產生流量，而是提供有用的內容，百分之九十九的人只注意到「內容」，而忽視了「有用」。艾科思達之所以賺錢，當時每個訂戶每個月花四十美元收看，是因為它的內容有用，而不是垃圾。對於谷歌的用戶來說，什麼是有用的呢？它需要做到在使用者查詢知識時，獲得的是相關的資訊，而不是一大堆不著邊際的商業廣告。今天我們很多所謂的自媒體或者新聞網站，每天提供的內容沒有什麼用，比垃圾強不到哪裡去，用戶當然不會買單。

谷歌搜索提供的內容並不是自製的，它不能控制網路上內容的好壞，只能用演算法控制搜索結果的品質。**對使用者來說，有用的資訊應該是客觀公正、有權威性的，而不是誰出錢多就推薦誰。**因此谷歌嚴格禁止任何購買排名的行為，也禁止透過優化網頁的形式（比如增加隱含的常用搜索關鍵字）提高自己網站的排名，谷歌視之為作弊，會處罰甚至刪除連結。正是因為它提供的內容有用，才會有人願意費勁地翻牆[15]去使用。當然，使用者已經習慣網路上的各種服務都是免費，因此不可能像艾科思達那樣按月收費，於是谷歌就從廣告商那裡收廣告費。為了不誤導使用者，這種收了錢的商業資訊要和自然搜索結果嚴格分開，以表示自然搜索結果是以「對使用者有用」為衡量標準，而不帶任何商業利益。而收了錢的廣告，佩吉也明白，這些資訊也必須對使用者有用，生意才能長久，因此那些騙人的廣告一定不能做，比如假藥和黑市交易遊戲代幣的廣告。直到今天，谷歌的商業模式都非常簡單，將有用的資訊傳達到千家萬戶，做到這一點，就不愁沒人買單。關於谷歌成功的故事，大家可以閱讀我的第一本書《浪潮之巔》。

那麼為什麼微軟的 Bing 看似也在做同樣的事，卻不賺錢呢？因為有了谷歌之後，微軟還做類似的事，卻不能做得更好，就違背了「有用」這個原則。使用者可以使用谷歌，Bing 就完全沒有必要了。不過，在某些地方，像中國，用不了谷歌時，Bing 還是有用的。

15 大陸因政府禁止，對於某些網站必須透過虛擬私人網路（VPN）等方式「翻牆」才能使用。

佩吉的想法非常簡單，卻顯示出對商業深刻的理解。我們看一種商業模式，不能光看表面，而要看本質。比如從表面上來看，網路的廣告模式都屬於同一種商業模式，都是相似的，因此很多人覺得自己的網站的商業模式和谷歌一樣，其實兩者可能差別很大。那些刷流量、買用戶的網路公司，商業模式其實和谷歌並不相同。相反的，谷歌的「免費＋廣告」模式和艾科思達按月收費的模式看似不同，卻僅僅是表面不同。從本質上來說，谷歌對使用者免費的模式和艾科思達對使用者收費的模式是相通的、一致的，兩者本質上都是將有用的內容傳達給終端用戶。

谷歌商業模式的本質還有一個要點是，**有用的內容不需要是自己做的**。我在《超級智能時代》中提到，在未來的智慧社會，連接比擁有更重要。谷歌和臉書這樣的公司並不擁有內容，但是它們擁有對用戶的連接；Airbnb 沒有自己的房子，但卻是全世界最大的房屋租賃公司；Uber 不擁有汽車，卻是全球最大的計程車公司。懂得這一點，就能理解網路經濟的本質。

世界上是否還有其他本質類似谷歌的商業模式，但表面上又完全不同的公司呢？其實很容易找到。比如阿里巴巴，它所銷售的商品都不是自己的，只是把商品資訊送達使用者。另外，「羅輯思維」也很相似，就是將有用的內容（知識）送達讀者。理解谷歌商業模式的精髓，就不需要照本宣科；相反的，那些將垃圾強制推送給用戶的公司反而是畫虎不成反類犬。

第三個智慧：薪盡火傳

佩吉在公司管理上的第三個獨具慧眼之處在於未雨綢繆，在公司方興未艾之際，就考慮到未來衰老死亡的問題。

世界上凡事有開始就有終結，有生就有死，任何生物（包括人類）皆是如此，任何公司也是如此。我在《矽谷之謎》中總結矽谷公司的特點之一，就是不介意公司死亡，不會刻意去拯救一個衰老的公司，而是把目光往前看，努力尋找下一次機會。**在我們這個時代，不是要辦一個大而全的百年老店，而是要開創一個專而精的、有活力的公司。**當一個公司完成使命之後，退出舞臺就是對社會的最後一次貢獻，因為它把寶貴的人力和土地資源釋放給未來的公司。這個道理大家冷靜想想就能明白，但是事到臨頭，感情上往往無法割捨。因此，世界上大部分企業家依然在追求建立百年老店，不過世界上的百年老店並不多。

中國歷史雖然悠久，但其實沒有多少真正的百年老店。張小泉、六必居這些品牌早已不是當年的創始家族在經營，甚至與當年的品牌也已經沒有任何關係。今天的招商銀行還在用當年李鴻章創辦的輪船招商局的牌子，但卻是完全兩個不同的公司，在企業文化上也沒有任何共同之處。

在日本有很多老字號，但是能夠溯源到明治維新之前的很少。明治維新之後誕生了很多公司，但是維持到今天的也不多；很多公司今天雖然名稱保留了下來，但是已經換了主人，比如著名的夏普公司（SHARP）。

在歐洲，百年老店相對比較多，但真正還由原來家族維繫的並不多，而且那些傳承很多代的企業往往規模不大，都在經營小眾市場。很多著名的品牌早已不是原來的公司在經營，而是被金融和商業集團併購，組成了新的企業集團，比如很多名牌奢侈品都被著名的奢侈品集團酩悅．軒尼詩—路易．威登（LVMH）併購。瑞士很多手錶品牌說起來歷史很悠久，其實今天很多都屬於

Swatch手錶集團，包括幾十萬元一支的Breguet、Blancpain、Harry Winston手錶，以及大多數人都不陌生的歐米茄（OMEGA）、浪琴（Longines）、天梭（TISSOT）和雷達（RADO）等。也就是說，品牌留下來的多，公司留下來的少。

在美國，百年老店就更難得一見了，道瓊工業指數成分股中的公司，只有奇異公司（GE，即美國通用電氣公司）是一百多年前該指數出現時的成分股公司，當年像奇異公司一樣的「巨無霸」，今天都看不到蹤影了。美國《財富》五百強的公司平均年齡只有三十多歲，其中一大半是IT革命之後湧現的新公司。

辦一家百年老店如此不易，這一點佩吉當然也注意到了。谷歌今天還如日中天，二〇一五和二〇一六年的利潤（EBITDA，稅息折舊及攤銷前利潤）大約抵得過中國的阿里巴巴、百度和騰訊，以及美國的亞馬遜、eBay和雅虎的總和。然而，這並不能保證今後不會重蹈那些昔日輝煌的企業衰落的覆轍。要避免這個結局，就不能等到企業真出問題時才著急，而要從現在開始防範。

佩吉在某次公司內部會議上說，企業和生物一樣，從小到大，慢慢老化再到衰亡，難以避免。據他了解，全世界只有一種生物可以不死，是一種海蜇。這種海蜇在正常情況下和其他生物沒有不同，都會生老病死，但是如果刻意用針去刺激牠，牠會長出新的細胞，然後當母體死亡時，新的細胞會發育成完整的海蜇。佩吉希望谷歌能**不斷創造新的產品部門，這些部門就如同海蜇新發育出來的細胞，它們最終能夠不依賴母體而生存長大。**佩吉希望透過這種方式逃脫大公司的宿命。因此，他利用公司的財力和智力資源，不斷嘗試其他領域的創新。

為此，谷歌成立了谷歌風投、谷歌X實驗室等獨立部門，這件事情一開始是交給布林負責，而佩吉則負責公司的日常管理。

完成谷歌未來架構的改造後，佩吉讓大部分原本直接向他彙報的產品領域的高級副總裁改為向皮采彙報。佩吉非常早開始培養皮采，由於皮采在主管流覽器 Chrome 專案時表現出很強的產品和市場能力，佩吉後來將 Android 這個重要部門也交給他負責。一年之後，佩吉將皮采提拔到類似首席營運長的職位，雖然谷歌內部並沒有這個職稱。接下來，佩吉將公司改名為 Alphabet，將過去的業務打包並沿用谷歌的名稱交給皮采。其實這也是順理成章，因為那些高級副總裁已經向皮采彙報一年多了。

很多人可能會問，為什麼佩吉把已經成熟的業務交給皮采負責，而他自己卻挑了那些難做的新業務？這恰恰是佩吉聰明的地方，也是將谷歌業務拆分的第一個考量。通常一個公司的創始人為了嘗試新業務，會找一個相關領域的專家來負責，這和谷歌的做法正好相反。但是，佩吉深知公司基因決定論的影響力，如果他堅守現有業務，讓新人嘗試新業務，那麼新業務最後一定發展成 IBM 的個人電腦部門或者微軟的線上部門，在業界缺少競爭力。為了避免重複 IBM 和微軟失敗的老路，佩吉才把已經成熟的果實交給他人看管，自己負責最需要支援與資源的新業務。

谷歌將業務拆分的第二個考量是防範美國和世界各國政府提出反壟斷訴訟。隨著谷歌把搜索和線上廣告變成網路上最重要的業務，谷歌占有的市場份額遠遠超過競爭對手的總和，美國政府提出反壟斷訴訟將是難以避免的事。佩吉和布林從來都是未雨綢繆的人，由於看到 IBM 和微軟被美國司法部以反壟斷為由起訴的教訓，早在二〇〇八年，谷歌就聘請了曾經代表美國司法部狀告微軟壟斷的司法部前高級官員擔任法務副總裁，負責協調和政府的關係，並且處理美國政府和歐盟對谷歌的反壟斷調查。但是，佩吉也知道，儘管谷歌盡力避免和推遲未來可能的反壟斷官司，這件事依然遲早會發生。當然，谷歌有可能像微軟或者IBM那樣最終避免被拆分的厄運，但是即使艱難地贏得官司，被限制在市場上自由擴張也將失去很多機會。既然一些事情不能夠避免，不如早做打算，谷歌的業務拆分也是為了防範將來可能的反壟斷訴訟。

在業務拆分之後，新的控股公司Alphabet的組織架構變得有點像奇異公司，旗下的各項業務相對獨立。如果運氣好，谷歌能夠避免被美國政府拆分，而新業務能夠成長為一

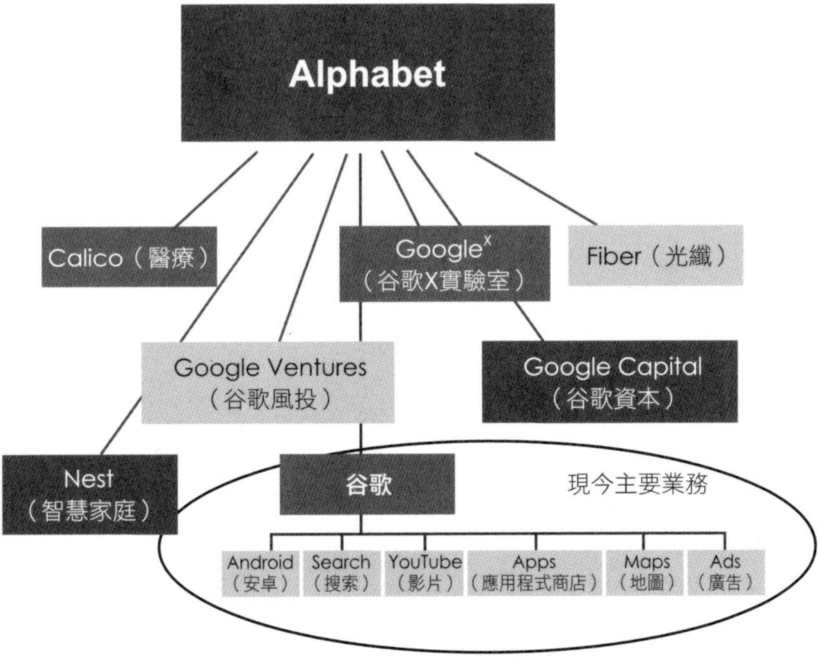

谷歌母公司 Alphabet 的業務結構

個又一個谷歌，那麼新的 Alphabet 公司未來或許能成為全球市值最大的公司。如果運氣不好，谷歌被美國政府拆分，那麼新業務在這之前有足夠的時間成長，將來即使獨立，也能成為業界的領頭羊。當然，很多年後，谷歌現有的業務免不了會萎縮，透過這種方式長期發展下去的谷歌其實和原來的公司也已經是兩回事了；這就猶如不死的海蜇，看起來是長出了新細胞，卻不是原來的母體，不過兩者擁有相同的基因。

在美國有不少大家族，財富傳承了很多代。這些家族無一例外都非常重視精神財富的傳承，那些精神財富是家族的基因，**只有精神財富得以傳承，物質財富才能真正傳承下去。一個公司所能真正傳承的其實也只是基因而已**。佩吉比許多企業家聰明的地方在於，他首先認同公司最終會死去的常態，並在這個前提下，去思考如何傳承公司的基因和文化，而不是試圖維持一個不死的公司。如果用一個詞概括他的想法，就是「薪盡火傳」。

巴菲特午餐：人生的智慧

中國的一些投資人，透過競標成功地和巴菲特吃了那頓一年一度的午餐。我私底下問他們：「老爺子都和你們聊了些什麼？花這麼多錢和他吃頓飯是否值得？」他們都說：「非常值得，他告訴了我一些人生的智慧（注意，不是投資的智慧）。」我把他們轉述的巴菲特的話總結為下面幾點，從中可以看出，股神之所以成為投資贏家，是因為具有人生智慧。

一位很成功的中國投資人向巴菲特請教成功的道理（不是具體的方法），巴菲特告訴他：「年輕人，我不用告訴你們該做什麼，因為你們很優秀，自己知道該做什麼。我告訴你們一生不該做什麼。第一，不要做自己不懂的事情；第二，永遠不要做空股票；第三，永遠不要用槓桿投資。」

不做自己不懂的事情

怎樣理解不做自己不懂的事情呢？巴菲特放棄了非常多的投資機會，因為他看不懂那些行業，但是這沒有妨礙他獲得超高的報酬。就像是「田忌賽馬」的故事，用自己的劣馬和別人的好馬比，輸的可能性遠遠高於贏的可能性。今天很多人都是這樣，看到別人賺錢快，自己就心癢癢，也要去嘗試，卻又不願意花功夫學習，這就是做自己不懂的事情。人是如此，企業也常常如此。二〇一四年，萬達要做電商，拉了百度和騰訊一起（號稱騰百萬），信誓旦旦地說要在五年內投資兩百億元。結果折騰了兩年，什麼都沒有，到了二〇一六年，第一筆錢燒完了，騰訊和百度全撤了。這就是典型的做自己不懂的事的教訓。

我們常說，多做事是好事，但是巴菲特卻說很多事情不要做，聚焦比發散更好。和大部分基金不同的是，巴菲特旗下的波克夏（Berkshire Hathaway）投資的公司數量並不多，因為他沒有精力搞懂那麼多家公司。在搞不懂的時候，若為了被動地降低風險而買很多種股票，投資的報酬自然無法提高。關於投資是否要分散，我們接下來還會詳談。

至於一個企業，什麼事情不能做呢？不熟悉的、不是自己核心業務的，就不能做，這是巴菲特的思想精髓。但是很多人不信邪，一定要嘗試，盲目嘗試可能會獲得一次成功，但是從長遠來看卻是失敗。中國過去三十多年，由於經濟快速發展，賺錢的機會非常多，人們經商成功的機率很高，但是很多企業家卻是曇花一現。吳曉波在《大敗局》一書中總結了中國早期炒股最成功的一批人，除了一兩個得以善終，剩下的一半破產，一半進了警察局或潛逃在外，甚至被人謀殺。這些人共同的問題都在於不懂什麼事情不能做。而一位企業家堅持不做不懂的事情，反而讓他的企業持續快速地發展了二十多年。

這位企業家說，他的公司曾經奪得央視廣告的標王[16]，因此靠著黃金時段的廣告，品牌迅速被廣大消費者接受。為了維持品牌，也為了宣傳自己的新產品，公司每年從投入幾億元到現在的幾十億元做廣告。當然，這也讓廣告公司賺得飽飽。說到這裡，大家可能馬上會想到，與其讓廣告公司賺錢，還不如自己成立一家或者收購一家廣告公司。的確，當時公司裡很多高級主管也意識到這一點，建議自己創辦廣告公司。但是這位創始人並不認可這種想法，認為自己辦廣告公司一定會失敗，因為他不懂這個行業。手下的人當然還是據理力爭，他們說，你怎麼就肯定我們做不好呢？或許我們能夠學習、能夠做好。這位創始人解釋說，我確實不知道為什麼，但是我知道一定會失敗。因為如果你們的邏輯成立的話，今天世界上最大的廣告公司應該是可口可樂廣告公司或者寶僑廣告公司，但是結果卻不是，這必然有它的原因。而這個非常特別的思考問題的方式，就是他從巴菲特身上學到的智慧。

這位企業家接著和我說，當年和他先後奪得央視廣告標王的企業，無一例外地成立了自己的廣告公司，而今天絕大部分都消失了，少數剩下的也是在苦苦掙扎。而他因為沒有去做那些自己不懂的事情，只把心思放在一代代產品更新上，二十多年來，公司發展得非常穩健，現在他們的兩款手機在國內競爭非常激烈的手機市場上排進了前五名，這得益於他能夠不受外界干擾，堅持聚焦在自己精通的領域。對此，他也感謝巴菲特。

16 中央電視臺每晚天氣預報節目前標板廣告中標額最高的企業。

不要做空股票

做空股票在中國是禁止的，比如你不能在沒有中石油股票的前提下先賣掉它，等到價格下跌後再買進平倉。但是在世界上，這是一種投機股票賺錢的手段，索羅斯（George Soros）等人就擅長做空。巴菲特因為自己特有的謹慎，從來不做這件事，也不建議投資人這麼操作。做空股票的危險在於，股票上漲在理論上是沒有盡頭的，一檔股票的損失就可能達到無窮大，以至於全部的資產都被用來平倉。在美國，這種情況有個諢名：見外婆（「清償」英文 wipe off 的諧音）。巴菲特認為，人在股市上賺錢和虧錢都屬正常，不是人能夠控制的，但如果你的操作方法讓你一次滿盤皆輸，就不能說是智慧了。

永遠不要用槓桿投資

第三種情況和第二種類似，經歷過二〇一五～二〇一六年股災的人，對槓桿應該記憶猶新。使用槓桿雖然在股票上漲時能放大收益，比如利用十倍的槓桿將百分之十的收益變成百分之百，但是下跌時會很快「見外婆」。因為只要下跌百分之十，所有的本金就輸光了。人通常不會記取教訓，好的時候忘乎所以，個個都覺得自己是股神，賺了錢是自己的本事，然後欲望膨脹；賠了錢則歸結於大盤走勢不好，而不追究自己的過失。在這種心態下使用槓桿，一次就會傾家蕩產。

人一生不要富有兩次

關於人生的問題，特別是人應該如何平衡進取和穩妥，巴菲特給我朋友這樣的建議：人一生不要兩次富有。什麼叫做「兩次富有」？你透過努力創業成功，變得富有，接下來去冒險，又成了窮光蛋，但是憑藉堅韌不拔的毅力東山再起、再創輝煌，這就叫兩次富有，因為兩次峰值之間有個低谷。

人難免遭遇低谷，但是不應該從富有變成窮光蛋，這不僅缺乏智慧，也讓生活變得很糟糕。雖然兩次富有的人從結果來看可能錢賺不少，但是他的生活、家人的生活、心態，都可能變得非常不健康、不愉快。我們看到很多人在事業上算是成功者，但是生活上卻是失敗者，原因是他們由於貪婪經歷了不必要的失敗，以至於本可以分配給生活和家庭的時間和精力，都用於東山再起。因此，巴菲特給他的建議是，少犯錯比多幾次成功更重要。

巴菲特選擇投資對象的祕密

當然，在謹慎的同時，巴菲特並非不求進取的人。他不做自己不熟悉的事情，只是不做當下自己不熟悉的，並非永遠不打算熟悉那些事情。你可能聽說過巴菲特不投資科技公司，因為他說他看不懂。但是前些年他投資了 IBM 和英特爾這兩家過了氣的科技公司，一方面讓人覺得他終於對科技感興趣了，另一方面卻更讓人看不懂了。因為既然投資科技公司，為什麼不在蘋果、谷歌或者臉書快速成長的階段投資呢？如果巴菲特投資了這些公司，報酬將比旗艦公司波克夏更高。特別是投資蘋果，為什麼非要等到蘋果這幾年漸入平穩期再投資呢？對此，二〇一五年和巴菲特共進午餐的一位中國企業家得到了答案。巴菲特不認為他能看懂技術本身，但是當一個科技公司能夠長期穩定盈利，並且開始回報投資人，他就能看懂它們的商業模式了。

在那次午餐中，這位企業家還問了巴菲特一個非常具體的問題：「我不會炒股，請教教我怎麼炒股。」沒想到巴菲特回答：「我也不會炒股。」因為在巴菲特看來，只有價值投資才算是投資，炒股不算。於是他們就聊了其他的事情，包括小孩教育、公司管理、公司價值等話題。此外，這位中國企業家也透過談話讀懂了巴菲特投資的一個思路，按照這個思路去理解他投資那些穩定發展而不是快速發展的科技公司，就變得合情合理了。

原來，巴菲特選公司的祕密在於公司的現金流。我們通常認為，買股票是為了買未來，如果一個公司的未來不被看好，那麼就不值得投資。但是巴菲特看重的卻是IBM和英特爾這樣的公司，雖然成長不如谷歌、臉書或者亞馬遜快，卻能產生穩定的現金流，這一點在過去的幾十年裡已經獲得證明。巴菲特總是尋找「現金乳牛」，然後每年收穫大量的現金，再拿那些現金去購買更多的「現金乳牛」股票，以實現公司價值的複合增長。在巴菲特看來，不僅一個公司短期股價的漲跌沒有任何意義，而且，按照美國會計標準做出來的利潤也靠不住，只有公司收回來的現金（包括發掉的股息）才是真的。我從二〇〇四年開始一直有讀各大公司財報的習慣，讀了幾年後就能發現，即使是道瓊三十家公司，財報中利潤灌水往往也非常多。我將自己對科技公司財報的分析寫成了一本書，就是《浪潮之巔》。既然巴菲特不相信建立在空中樓閣的股價，也就不會相信那種可能靠做帳做出來的利潤，他只認真金白銀。

當然，如果你精通美國稅法，會發現這裡面還有另一個玄機。美國對股息徵收很高的所得稅（如果在加州，聯邦稅加上州稅大約是百分之三十七，即使巴菲特所處的內布拉斯加州，也高達百分之三十二）。巴菲特持有的股票股息都非常高，如果以個人名義購買那些股票，每年分到的利息非常多，繳稅也很多。巴菲特每年可以從投資的公司中獲得大約十億美元的股息，照理該繳交三．二億美元的稅。但是他將所有的股票放在一個籃子（波克夏）裡，不再向投資人（包括他自己）派發股息，而是將股息全部用於購買更多的股票，這樣他自己和投資人就規避了高額的所得稅，讓投資以更快的速度複合增長。要知道，如果複合增長率每年多百分之二，六十年下來可是不得了的。

國內一些媒體拚命報導巴菲特要求提高富人的稅率，展現出高風亮節，可這件事在美國卻沒有什麼富人為他叫好，連中產階層也不以為然，因為大家知道根本徵不到巴菲特本人的稅。一個非常富有卻透過各種技巧不繳稅的人，呼籲政府多收其他富人的稅，自然沒有說服力。中國炒股的人不需要繳盈利所得稅，媒體對美國的情況也不是很了解，因此過度渲染也不奇怪。當然，在這裡我們不評論巴菲特的道德水準，畢竟他宣導死後將個人遺產全數捐給慈善機構（裸捐），只是要說明巴菲特比大家想像的聰明，在節稅上也是如此。

投資是藝術，不是技術

巴菲特的投資方法有很多違背教科書上的原則。比如，大家都說不要把雞蛋放在一個籃子裡，最好多買幾檔股票以降低風險。這種思路在技術上無疑是正確的，比如標準普爾指數就是這麼做的，它挑選五百檔股票，年均報酬為百分之八，每年比百分之七十的基金表現好，而在十年區間裡，比百分之八十一的基金都要好。對於百分之九十九的散戶來講，最好的投資就是大量購買標準普爾五百指數，巴菲特本人也認可這種原則。他在遺囑中提到，死後（捐贈之外）留下來的財產，絕大多數要購買標準普爾五百指數，可見他對這個指數的推崇。

可是巴菲特自己在投資時並沒有分散投資，而是把資金集中在不到十家公司，這樣的風險其實是非常大的。但是巴菲特反而創下了五十年來年平均報酬率百分之二十二的紀錄，比標準普爾指數的報酬率高得多。也就是說，他的想法和他的做法是矛盾的。另外，既然他很會投資，為什麼不將自己的經驗傳授給孩子，也不給孩子鍛煉的機會呢？因為巴菲特從來就不認為投資是個技術，而是一門藝術。技術可以透過學習不斷進步，而且具有繼承性和可疊加性，也就是說，徒弟不僅能夠學到師傅全部的技術，還有可能做得更好。但是，藝術沒有這種特性。今天沒有人敢說鋼琴彈得比蕭邦或者李斯特好，也沒有人認為自己的繪畫超越了米開朗基羅。如果投資也是藝術的話，有的人稍微點撥就能學會，有的人怎麼學也學不會。

在研究公司、分析股票方面，巴菲特不僅和散戶的思考方式不同，甚至和華爾街主流的基金經理也完全不同。散戶可以三個月研究十種股票，其實他們什麼深入的事情都沒有做，很多散戶甚至沒有學習基本的金融知識就開始研究股票了。基金經理當然比散戶專業得多，他們會雇一大堆人一年研究上百種股票，從中挑選出合適的股票。但是巴菲特的團隊卻是十年只研究為數不多的股票，比如他本人一直關注高盛，但是他覺得高盛股價過高，因此一直不買，直到金融危機時高盛股價大跌，他才果斷地投資。巴菲特不認可雇一大堆人研究股票的做法，因為在他看來，懂得投資藝術的人非常少。一個基金能找到三五個這樣的人已經算是運氣了；如果招聘一百個人，一大半是懂投資技術而不懂投資藝術的人，這些人就不堪大用。

很多人認為自己炒股沒有賺錢是因為技術不夠，於是苦練技術，結果投資報酬並沒有提高（有的還不如隨機投資）。今天，人工智慧非常熱門，下圍棋已經超越人類，於是很多人開始關心能否借助「智力」水準超過人類的智慧程式（也可以看成是特殊的機器人），成為股市常勝軍。事實上這一點很難。今天，美國股市百分之八十以上的交易已經是由那些智慧機器而不是由人來完成，但是大部分基金投資報酬依然低於標準普爾五百指數。這些人沒有搞懂的是，投資是藝術不是技術，巴菲特本人就是藝術大師，而非技術專家。當然，我更認為，他是智者。

在巴菲特看來，即使是波克夏這樣知名的投資公司，在全世界搜尋一流的投資人才，也只有精力分析少數的股票，這也是為什麼它的投資組合中只有很少數的股票。當然，這樣肯定會失去很多投資機會，不過既然追求的是少犯錯誤，而不是失去機會，這種做法當然合理。總括來說，巴菲特是一個非常謹慎的人。他每次都對和他共進午餐的中國企業家說，如果他和孟格（Charlie Thomas Munger）能少犯一些錯誤，即使錯失很多投資機會，波克夏的規模也不知道會比如今大多少。巴菲特的智慧還體現在不高估後代的能力。他不僅認為懂得投資藝術的人不多，他對自己的後代是否能掌握投資的藝術也沒有多少信心。雖然我們知道他的兒子投資能力不錯，但是他不敢保證孫子也可以。很多家長因為孩子是自己的，怎麼看怎麼喜歡，覺得自己的後代就是比別人強，很多富一代交接給富二代就反映出這種想法。巴菲特並不相信他的後代也能像他一樣掌握投資的藝術，因此，為了穩妥起見，他乾脆要求後代不要自己動腦筋，交給標準普爾算了。

投資股市不如投資自己

巴菲特的智慧源自於生活，靠著這些非常簡單的生活智慧在投資時無往不利。我和那些朋友交流之後，仔細想想巴菲特的話，很有感觸、很受啟發。巴菲特講的這些道理，其實很多人都聽過，但是在做事情的時候常常會忽略。很多時候，人和人的差距看似是在智商、情商和知識，但其實是在智慧，而智慧的核心就是對人性的理解。

最後我對薪水族的投資建議是，大家能夠投入到股市的錢有限，即使連續十年做到每年比股市平均報酬高百分之二（百分之九十九的散戶做不到這一點），一年能多賺十幾萬元也就到頭了。但是，如果我們把時間投到自己的職涯發展上（做自己最擅長的事情），不斷做出更大的貢獻，不斷晉升，每年的回報要遠遠高出那十幾萬元。因此，將巴菲特的觀點延伸來看，對於大部分人來說，最好的投資是自己的工作和事業，因為我們擅長於此。

司馬遷的智慧：東方最早的經濟學綜合論文《貨殖列傳》

二〇一六年，史學界出了一套頗受關注的書《哈佛中國史》。大家如果看了該書目錄後可能會很奇怪，書中對先秦的中國歷史隻字不提，只從秦漢講起。卜正民（Timothy James Brook）等作者這麼做可謂是煞費苦心，因為中華文明究竟有多少年，國內外爭議一直非常大。簡單來說，前後能相差一千五百年左右。因此，卜正民等人乾脆回避這個問題。事實上，這套書的英文名稱是*History of Imperial China*，由哈佛大學出版社（Harvard University Press）出版，直譯應該是《帝制中國史》，而中國也只有在秦漢之後才能稱為帝制時代，因此不寫以前的事情並沒有離題。或許是譯者對「帝制」二字反感，於是翻譯成現在的書名。

一個國家歷史的長短其實不那麼重要，關鍵在於它對世界的貢獻。中華文明從時間來說，雖然遠比不上美索不達米亞和古埃及，但是中國老祖宗還是為全世界留下了非常多的智慧。中國古代的許多發明和技術成就不用說了，單從商業理論來看，兩千多年前中國的一篇學術論文已是見識非凡，文中系統性地論述了商業的特點和其中反映出來的人性特點，這就是《史記．貨殖列傳》，翻譯成白話文就是「做生意的故事」，作者是大名鼎鼎的史學家司馬遷（又稱太史公）。

太史公開篇講了人喜歡物質享受和精神享受的天性。他說：「故善者因之，其次利道之，其次教誨之，其次整齊之，最下者與之爭。」白話是說，自舜帝和大禹的夏朝之後，人就喜歡好聽的音樂和美色，喜歡美食，喜歡享受，喜歡炫耀，這種習慣由來已久了，無法改變它。因此，好的統治者就隨國民去了，差一點的（統治者）動之以利引導他們，再差一點的試圖教化他們，更差的約束管理他們，最差的是和他們作對。太史公的這段話，講述了從教育、管理再到商業皆適用的一個原理。以教育為例，最好的教育是讓受教育者自己發揮特長和潛力，像是今天的哈佛或者史丹佛給予學生的教育就是如此。

差一點的教育是用利益鼓勵他們，比如獎學金就是這個目的。再差一點的就是灌輸式教育，所謂的教化。還有更差的就是天天盯著孩子，這樣一來人是管住了，可是心沒有管住。當然，最差的教育方法就是和受教育者對立。家長（和老師）可能有體會，一旦和孩子對立，教育就失敗了。

把商業的事情交給商業本身

同樣的原理可以用在管理上，大家可以將之套用到自己的公司，看看是否符合，這裡就不多說了。當然，在商業上也是如此。我為政府官員講課時，經常講這段話。一個好的政府，只要開放商業就好，不要做什麼高層設計，隨下面的商人自己根據市場決定做什麼，即所謂的「因之」。矽谷成功的祕訣之一就是政府沒有能力管，只需要把商業的事情交給商業本身。差一點的政府會制定優惠政策，扶持產業。這樣的初衷雖然好，但是，如果政府的想法和市場規則相違背，就會走冤枉路。更差一點的政府是大會小會做報告，告訴大家該怎麼做，三天兩頭去視察工作，即所謂的「教誨之」。再差的就是「整齊之」，小到刁難商家，大到干涉企業運營。然而，這些還不是最差的，因為雖然刁難，但政府還是讓人做生意。最差勁的是自己也跳進來做，與民爭利。為什麼很多公司非常痛恨有行政特權的企業，就是因為後者在商業上處處與前者爭利，即所謂的「與之爭」。

人都是為自己的經濟利益奮鬥

雖然我目前在國內沒有投資太多公司，但是和國內投資界的同行來往密切。他們普遍建議創業者地點不要選在商業風氣不濃的二線城市。那些地區的官員可能一開始為了招商引資，釋出一點小恩小惠，即所謂「利道之」；等你真的去了，政府就開始「教誨」你，然後「整齊」你，甚至讓他的親戚去做和你相同的事情來爭利。實際上，看看中國現在的獨角獸公司[17]，幾乎清一色都是從一線城市和思想比較開放的二線城市走出來的；這就證明了環境的重要性。

太史公在《貨殖列傳》中還講了一段話，大意是：水深了魚就容易生長，山林深了野獸就會去居住，人有了錢就容易講理、夠義氣。人有了錢，就容易成功；可一旦失勢，員工就跑了，因此他悶悶不樂，越是不開化的地方越是如此。因此，「天下熙熙，皆為利來；天下攘攘，皆為利

17 意指估值達到十億美元以上的初創企業。

往」。換成今天的話說就是，大家天天汲汲營營，都是為了一個「利」字。司馬遷對於人性趨利的一面有著非常深刻的體悟，成語「熙熙攘攘」就是源自於此。今天整個現代經濟學是建立在所謂「人是理性的、商業的」基礎之上，說穿了就是，人都會算帳，而且是為了自己的經濟利益而奮鬥。就如同歐幾里得幾何的五條公理，一旦不成立，整個經濟學的大廈就倒塌了。這個道理，司馬遷在兩千多年前就領悟了，可謂極富智慧。

今天，上至很多政府官員，中到公司老闆，反而不懂這個道理。他們幻想著「既要馬兒跑，又要馬兒不吃草」的社會，這種做法有悖於人性。在這樣的環境下久了，人表面上恥於言利，私底下卻肆無忌憚地謀私，除了讓人與人之間彼此防範和不信任外，既不能降低做事情的成本，也不能使社會更好。

把人的基本需求做到極致

太史公在這篇長文的最後講到兩個觀點，也值得分享。一個觀點是那些看似微小甚至卑賤的生意，比如農業、賣油、販酒等，只要經營得好，做到極致，也能獲得巨大的成功。反觀很多人創業，動不動就要趕流行，而不是把人基本的需求做到極致，這樣想成功也困難。他的另一個觀點則講述了商業的基本規則，再有錢的商人如果沒有核心業務，生意也無法持久，這說明了核心業務的重要性。同時，商業是優勝劣汰的，有能力的人能夠聚集各方面資源，而沒有能力的人，生意最終會瓦解。

《貨殖列傳》的內容還有很多，由於篇幅所限，我就不一一介紹了。如果有機會，建議每位讀者都拿來讀一讀。如果不願意讀古文，讀讀白話文也可以，裡面有不少生動的例子。這篇文章不僅對於從事商業活動的人或者創業者有益，對於一般大眾了解人性、處理好上下級的關係也有所幫助。

大部分人看歷史都是看故事、看熱鬧，這篇《貨殖列傳》可能很容易被忽略，但我覺得太史公真正的智慧反而就在這一篇。從史書中學到智慧，顯然比知道故事更重要。

銷售大師的智慧

二〇一六年一款新的交通產品非常火熱，就是摩拜單車。在二〇一六年的C輪融資[18]中，它獲得了高達十億美元的估值，並且成功融資一億美元[19]，不僅成為新的獨角獸公司，而且改變了現代城市人對交通的看法和做法。摩拜到目前為止的成功不是單純的運氣，還有很多原因，其中一個重要的原因是創始人王曉峰先生對商業的深刻理解。

我和王曉峰認識很多年了，曾一起在谷歌和騰訊任職，算是老同事加老朋友。王曉峰早期在寶僑公司做業務，從基層業務人員一口氣做到一個大區的主管，甚至負責整個谷歌中國華東區的業務。而後他離開谷歌，成為全球最大香水公司的中國區總經理。直到我去騰訊，請他來擔任搜索廣告業務總經理。再往後他擔任了Uber的中國負責人，而在Uber如日中天的時候，他離開了那裡創辦今天的摩拜單車。長期以來，我們有很多工作上和私底下的交流，包括他在創辦摩拜單車時，我們深入討論了產品設計、商業模式和市場策略。從言談中，我發覺他是對銷售的本質和客戶心理理解最深的人之一。全中國像他這樣的人，可能用十根手指就能數完。因此，與他交

18 陸制。公司在不同發展階段的融資名稱，C輪融資代表公司已有盈利，即將上市。
19 摩拜單車在二〇一七年六月的E輪融資中獲得六億美元的投資，估值已經超過二十億美元。

往，讓我對銷售和使用者心理的認識也增長不少。我將自己從他身上學到的智慧與你分享，即使你不是做業務或是產品設計，我想仍會對你有所幫助。

在介紹他的智慧之前我要先說，接下來的話可能聽起來再簡單不過，一共只有短短的三句話，但是大道至簡，你如果能體會出其中的精髓，代表你要嘛進步了，要嘛本來就相當有智慧。

銷售的本質：把錢收回來

王曉峰到騰訊之後，替業務人員上了一堂課，問大家什麼是銷售。雖然很多人都在做銷售，我們也每天都在買東西，但是如果要回答什麼是銷售，很多人還是很難用一兩句話概括出來。大家你一言我一語地說了一大堆，最後王曉峰將他們的話總結起來，就是六個字「把東西賣出去」。大家都點頭稱是，確實如此！然而，王曉峰說，把東西賣出去最多只完成了銷售的一半，還有另一半，也是最關鍵的一半，就是「把錢收回來」，否則賣了還不如不賣。

讀到這裡你可能會想，這不是廢話嗎，東西賣出去了，錢當然要收回來。理論上或許如此，銷售款項應該在交易完成的那一刻入帳，但是在某些國家並非這麼一回事。在傳統行業裡，幾乎沒有不相互欠債的，因此把錢收回來的成本並不低。我自己做過業務，深深體會要帳的難處，有時為了一筆欠款要出差好幾次，把要帳的時間成本和其他成本加進去，就占了銷售成本的一大塊，甚至把利潤都吃光了。今天情況稍微好一點，但是要帳的成本依然不低，即使是我們想像中一些不缺錢的機構，買東西和服務時很爽快，付起錢來卻很不情願。前不久，我為中國最知名的一所大學做了一次諮詢服務，服務的時間是半天，但五六次來回要帳花掉的時間加起來可能也有兩個小時，這無形中將服務的成本提高了百分之五十以上。一所名氣和口碑數一數二的大學尚且如此，其他公司和機構就可想而知了。實際上，和我打交道的一大半客戶都有付款拖延症。雖然考慮到我的影響力，還沒有賴我帳的合作夥伴，但是很多公司和個人就沒有我的運氣了。大部分公司最後能收回來百分之九十的銷售款項已經算是不錯了。很多供貨給沃爾瑪（Walmart）的中國公司，寧可忍受沃爾瑪壓價，也願意和它做生意，就是因為「把錢收回來」的成本低。

不懂得「把錢收回來」這個道理的人是愚蠢的，經營企業也注定失敗。很多人為了促銷根本不管收錢，等到一手爛帳才開始著急，這些人在社會上並不少見。

如果我們的目標不再是把東西賣出去，而是把錢收回來，那麼銷售策略就會完全不同，收款的便捷性會超過賣出東西的數量。在美國拖欠帳款和賴帳的現象也很常見，但是美國人做事是認錢不認人，他們的做法就是加收高額利息，同時給予先付帳的合作對象折扣優惠。美國人在定價時通常會留一個比例，比如百分之五，做為收款的成本，你如果先付帳，就可以省去這個成本。

如果我們再進一步思考這件事，把錢收回來是目的，而把貨賣出去只是手段，很多業務人員的做法實際上就是捨本逐末了。在生活中，捨本逐末的做法時時可見。很多人不顧家去賺錢，冠冕堂皇地說是為了家人的幸福，其實這種做法本身已經讓家人不幸了。這一點也能用來解釋我的一些行為準則，比如，希望我放棄休息或者和家人安排好的休假，去參加什麼重要活動，是絕對不可能的，因為我不會把目的和手段顛倒過來。

持續的生意：讓顧客把買的東西用光

在王曉峰來騰訊之前，公司廣告銷售遇到一個瓶頸。大家發現對廣告商促銷一段時間後，後續的廣告銷售就會疲乏，導致促銷對提高長期銷售額和市場份額沒有任何幫助。網路廣告的銷售方法和傳統媒體不同，通常會先鼓勵顧客（廣告商）儲值，然後再到騰訊的平臺上做廣告，把儲值的錢花光。對於業務人員來說，只要儲值的錢進來了，他們的任務就算完成。因此，業務部門制定的促銷方式往往是辦活動刺激大家不斷儲值。但是，如果顧客儲了很多錢，卻無法在騰訊花光，就會沒有動力繼續儲值，接下來的銷售也就難以進展。今天，大部分會員制的公司依然面臨同樣的問題，卻不知道如何解決。比如，一家餐廳為了增加一次性收入，會以儲值一千元送五百元的方式促銷，這樣雖然獲得了一筆流動資金，但是從長期來看，對提高營業額卻沒有太大的幫助，因為顧客在花完儲值的錢以前，商家很難說服他們再次儲值。前一陣子有一家網上租車的公司辦促銷，儲一萬送一萬，雖然看似銷售了不少，但是市場份額卻沒有什麼增長，原因也是如此。

王曉峰在騰訊就指出了這個癥結所在。一個可持續下去的生意關鍵是要讓顧客把買的東西用光，否則就很難讓他們第二次、第三次購買。此後，王曉峰的部門做促銷時，不僅要鼓勵大家儲值，還會設計出一系列讓廣告商（客戶）盡快把儲值金額花光的辦法，這樣才能有效地進行第二次、第三次促銷。在我負責騰訊搜索的兩年內，王曉峰將搜索廣告的銷售額提高了六倍，銷售大師的名聲可不是白得的。

我們可以把王曉峰的想法加以拓展。在管理一個團隊時，你給員工的獎勵不能僅僅是一次儲值的促銷，然後讓他們享受很多年，而是要想辦法讓他們消耗掉這種物質和精神上的獎勵，才能夠繼續輕裝奮鬥。比如在谷歌，員工每一次升遷，在得到大筆獎勵的同時，之前全部的業績也會歸零；下一次升遷，所依據的業績要從前一次升遷後算起，而不是在職全部的業績。

這可以防止一些人靠運氣做出一個非常成功的產品後，就躺著吃一輩子。

商品和服務要讓消費者有面子

在經濟學一〇一這類的入門課上，教授通常會講商品的幾種屬性，比如價值和使用價值。你之所以會買一樣商品，是因為它對你有用。在第一次工業革命之後，全世界越來越趨向於供大於求，因此製造商品的人就盡可能地設計製造越來越有用的商品，這樣消費者才會為了新的用途而購買。比如智慧型手機具有越來越多的功能，消費者為了新的功能和性能就會不斷換手機。

面對越來越多不同款式的手機，消費者是如何挑選的呢？有人說是看CP值，有人說是看性能，有人說是好用等。王曉峰說，這些都是次要的，最重要的是有面子。平心而論，蘋果手機的性能遠遠不如今天高端的Android手機，雖然很多人說蘋果手機很好用，其實也沒有確鑿的證據，最多只是一些人的偏好而已。但蘋果手機卻比同等級的Android手機貴百分之五十，甚至一倍，配件更是貴好幾倍。一些經濟算不上寬裕的人，之所以傾其所有購買一支蘋果手機，其實是因為使用蘋果手機有面子。蘋果生意做得非常精，只出產一～兩款手機，讓任何人都可以在一瞬間擁有和菁英人士同樣的手機（雖然裡面不同的配置會讓價位相差不少）。相反的，如果蘋果為了考量不同的消費能力，設計五款不同價位的手機，就會讓那些想透過蘋果手機提高自信心的人感到不滿。如果買最高等級的，要嘛買不起，要嘛心疼；如果買最低等級的，則沒有面子。蘋果在歷史上賣得最差的一款手機是 iPhone 5C。這種相對便宜的手機原本是想讓低收入者也用得起，但是消費者覺得這反而讓自己沒面子，因此不願意買。在中國，大家甚至開玩笑說，C代表廉價（cheap），雖然蘋果使用C的本意是代表豐富多彩。像 iPhone 5C 這樣的例子還有非常多，比如賓士公司（Benz）為了讓中產階級也能開賓士車，生產了一款C系列，在美國賣得就比更貴的E系列少很多，因為開賓士C系列給人一種既想開好車又買不起的感覺，因此那些能夠負擔C系列的人，乾脆去買 LEXUS 或者 Acura 等中產階層的汽車。

回到摩拜單車，王曉峰認為，要讓白領階層願意騎自行車，就必須讓他們感覺有面子。在考慮提供租車服務之前，他做過仔細的調查，發現在校園以外騎車的人只有三種，除了專業賽車手騎非常貴的自行車外，就是藍領工人和老年人騎著叮噹響的自行車出沒於城市的大街小巷。如果一個走出大學校門的年輕人還騎自行車，而他的同事開車，他從心理上就有一種沒面子而且不服氣的感覺。坦白說，對三分之二生活在北京和上海的人而言，買車和養車其實降低了生活品質，純粹是面子作祟。

但是，做生意就是必須照顧使用者的面子，因此，摩拜單車從一開始就把車設計得好看而獨特，讓騎車的人特別有面子。有些人簡單地複製滴滴和 Uber 共用經濟的做法，建議製造一種智慧鎖，讓擁有自行車的人提供自己的車與大家分享。王曉峰說，如果大學畢業後騎著五花八門，甚至還叮噹響的自行車上路，會很沒面子，這種生意一定會失敗。因此，摩拜寧可自己生產自行車，成為一個重資產公司（到目前為止，他們已經在北上廣深[20]投放了十多萬輛自行車，這些車就花了幾億元）。

為了讓使用者進一步覺得有面子，摩拜單車把使用方式定位在短程交通，比如從家到地鐵站、從公司到便利店等。這樣即使有人騎十公里的單車上班，大家在街上看到他，也不覺得他是沒有車的人或者是捨不得開車的人，因為在一般人的理解中，摩拜單車是很酷的短程代步工具。

當然，摩拜單車的成功還有許多其他原因，但是讓使用者有面子是非常關鍵的必要條件。

講到面子這件事，很多人認為不過是一種虛榮，即使自己好面子，也對此抱持否定態度。其實我倒覺得對於社會底層的人來說，包括那些金錢上富有但內心世界貧瘠的人，好面子不算是一件壞事。為了維護面子，大家做事情會比較體面。更重要的是，有了面子多少可以增加一點自信心，讓人在工作和生活上表現得更出色。因此，任何一個好的產品，都需要顧及使用者的面子。

與其強迫推銷，不如開發新客戶

既然講到了銷售，我再補充一點自己過去做業務的體會。世界上所有人都喜歡主動買東西，而不是被強迫買東西，因此那種求人的銷售法一定無法成功。有時候，一單生意如果做得太辛苦

20 大陸經濟實力最強的四座城市：北京、上海、廣州、深圳。

就不要做了，因為能夠做下來的可能性實在太低，有那個時間和精力，不如去找其他客戶。為了讓顧客感覺他是在主動買東西，而不是被強迫買東西，與其說服他來買，不如說清楚你可以提供什麼價值給他，讓他自己認可這種需求。創造市場，其實就是讓潛在消費者認可一種過去他沒有意識到的價值。

在生活中，人與人相處的原則其實和銷售差不多。我們經常看到一個男生為了追求一個女生，絞盡腦汁、極盡全力地去討好對方、遷就對方，對方卻是愛理不理。對被追求的女生而言，這其實就是一種強迫推銷。如果她沒有產生買東西的快樂，一切都是白搭。和人相處的技巧在於，要讓對方感覺對你有所需求。

總結來說，如果我們能夠顧及消費者的面子，生意就能做好，事情就能做好；如果我們為消費者提供價值，而不是一味地推銷，我們的產品，甚至我們自己，就會受到歡迎。

第五章　拒絕偽工作者

效率高低不是取決於著手做多少工作，而在於完成了多少。很多我們看起來非做不可的事情，其實想通了並沒有那麼重要，因為這些是偽工作。無論是在職場上還是在生活中，提高效率都需要從拒絕偽工作開始。

不做偽工作者

「每天的事情好多，總是做不完」，這恐怕是現代人共通的問題，尤其是在那些發展特別快的產業裡，比如IT領域、媒體產業和金融產業。相對於在大機構、大公司工作的人，創業者或者在小公司工作的人，對這個問題的體會可能會更深。「羅輯思維」的創始人羅振宇先生在二〇一六～二〇一七跨年演講中，說我是效率極高的人，此後很多人問我如何提高效率，以便能做更多的事情。

其實，一個人的效率很難提高，唯一能夠控制的就是少做一點事情，有些無關緊要的事情就不要做了，而不是擠壓時間把所有的事情隨便做完。這裡和大家分享谷歌和臉書等公司提倡的一種做事方法，或許對大家能有所啟發。

谷歌在二〇〇六年成立了中國分公司後，我就把自己負責、與亞太市場有關的產品都轉交給李開復。[21]雖然我不再負責和地區相關的產品研發，但每年還是會到中國出一次差，幫助李開復指導一些項目。而李開復做為大中華區的負責人，自然希望北京和上海工程師的工作能得到總部的認可。

但是這個被認可的過程卻非常漫長。

21　谷歌中國真正的研發工作是從二〇〇七年李開復解禁之後（因為和微軟的官司）開始的。

谷歌總部一開始對中國研發團隊的評價並不高，主要是有苦勞但沒有功勞。最初，北京三、四個工程師抵不過山景城（Mountain View）谷歌總部的一個工程師，雖然這和中國大學的教育多少有點關係，但是中國工程師的效率照理說不該這麼低。這個情況李開復當年在微軟並沒有遇到過，於是請我幫忙分析原因。

找到最重要的工作，並優先完成

我到了北京，發現中國的工程師其實不比山景城的清閒，但是從效果上來看，產出量卻不高。大家都是自我要求高的人，因此他們也很焦慮。我把一些工程師叫到會議室，讓他們把手中的工作一項項列出來，他們每個人至少列出了四五項要做的工作，有的人可能更多。拿到這些工作清單後我問他們，如果你們完成了其中的一半，是否就不再那麼焦慮了，大部分人都給我肯定的回答。這也合情合理，工作少了一半，壓力也應該少一半。不過，我告訴他們，完成了兩三項任務也就是一半工作之後，他們手上的任務依然是四五項，不會減少，甚至有可能更多，因為新的任務又來了。

在網路公司，永遠不可能有把工作全部做完的時候，因為這個行業發展太快，而變化又常常難以預測，這和微軟那樣的傳統軟體公司不一樣。按照傳統的軟體工程方法開發軟體，目標是事先定義好的。目標不定義清楚就開始工作是被禁止的，雖然在開發的過程中目標可以有所變動，但是變動不大。因此，工程師們只要在規定的時間之前完成自己的模組就行了。隨著時間推移，剩下的工作會越來越少，最終抵達終點。

網路的產品開發則不同，它是一個動態反覆運算的過程，大部分時候無法清晰定義一個靜態的版本。在開發過程中，新的問題總是不斷湧現、不斷加進來，遇到的每一個問題似乎都必須立即解決，因此不存在把工作清空的可能性。在這樣的大環境下，員工所追求的不應該是完成了百分之幾或者百分之幾十的工作，而是做完了哪幾件重要的事情。

一個有經驗的員工，應該善於找到最重要的工作，並且優先完成它們，而這恰好是菜鳥員工欠缺的技能。在山景城，菜鳥員工永遠只占公司總人數的一小部分，因此他們很容易在有經驗的員工帶動下快速掌握工作方法；而在中國，幾乎所有的工程師都是剛畢業的學生，沒有人告訴他們從學校到世界一流的公司後該怎樣工作，導致大家都很忙，卻沒有產生什麼重大效果。

在谷歌等美國公司裡，上述這種每天應付事務性工作的人被稱為pseudo worker，直譯就是「偽工作者」。這些人每天把自己搞得很忙，所做的工作可能也是公司裡存在的，但是那些工作（也被稱為「偽工作」）沒有產生什麼效果。在IT產業，如果一個公司裡這樣的偽工作者很多，完成的偽工作很多，用不了多久，它在業界競爭中就會處於下風。

二〇一六年，曾經是全球最大的網路公司雅虎被威瑞森電信公司（Verizon）收購，標誌著一個時代的結束。雅虎從網路的代表性公司走到被收購的悲慘地步有很多原因，其中之一就是太多員工做了太多的偽工作。為了理解這一點，大家只要看看他們產品的變化就知道了。雖然雅虎不斷改版，但那些修改既沒有增加什麼新的功能，也沒有讓人覺得使用起來更方便。在被收購前的十年裡，雅虎鮮有新產品出現。如果要說雅虎的人不努力工作，倒也不是。工作狂瑪麗莎・梅爾（Marissa Mayer）擔任雅虎首席執行長期間，在她的高壓下，員工不可能懈怠，但是幾年下來就是沒有產生效果。這就是全公司處於偽工作狀態的結果。

谷歌和臉書在管理上顯然比雅虎更積極主動，對於員工的評價不在於他有多忙、寫了多少代碼，甚至不是完成了多少產品的改進，而在於產生了多大的效果。也就是說，那些偽工作者即使平時再忙，也會被淘汰。

從主管到員工，都以最大獲益為目標

回到谷歌中國的管理上。二〇〇八年後，谷歌推動了「工程大使」（engineering embassador）計畫，讓更多來自山景城總部、有經驗的工程師分享世界各地的工程師團隊，輔導新員工整理工作方式。谷歌還特意讓中國分公司的員工經常性地長期出差到山景城，加入有經驗的工程師團隊工作。這樣經過大約兩年的時間，偽工作的情況得到了解決，中國研發團隊的貢獻也得到總部的認可。由此可見，大部分年輕人只要給予正確的指導，表現就會有非常大的提升。說到這裡，你可能會問，怎樣才能防止員工成為偽工作者呢？我想最重要的有兩點。

首先，管理者要讓員工站在「做什麼事情能讓公司獲益最大」的角度去工作。這樣他們才能在做不完的工作中動腦筋去尋找那些對公司最有幫助的事情做，而不是單純應付老闆派下來的任務，向老闆交差。在知識型企業中，管理者不可能也不應該對員工進行事無巨細的管理，因為員工的主動性很重要。

其次，管理者要讓員工明白，他們積極工作（而不是消極完成任務），最大的受益者是自

己。公司裡難免有員工對自己、環境、周圍人的態度、所給予的機會等感到不滿，此時他們會消極對待工作，不自覺地成為不動腦筋的偽工作者。有些鬼靈精的人甚至會表現出一種任勞任怨的態度，也不和老闆爭執，被動地從老闆指派的工作中找一些容易的來做，而不是選那些有影響力卻比較難的工作去完成。當老闆問起來時，他們會說自己認真工作，工作量也看似很滿。至於為什麼很多重要的工作沒有做，他們會推說是因為時間實在不夠。對於這樣的人，一般老闆還真拿他們沒有辦法，在考評時只好讓他及格。但是這些人實際上是在害自己，因為偽工作做得越多，個人進步就越慢，甚至能力還會倒退。我在很多國營企業中看到大量的偽工作者。

當然，管理者本身也存在類似的問題，他們甚至比一般員工面臨更多的選擇，什麼事情需要做、什麼事情可以不做，不僅關乎自己的前途，還影響周圍很多人。很多管理者動不動就修改規章制度，世界上沒有一種制度是完美的，因此他們不免左右搖擺、矯枉過正，最後改了一輪，又回到原點。有道是「一將無能，累死千軍」，偽工作的管理者便是如此。

很多看起來非做不可的事情，其實想通了並沒有那麼重要。有時候換一個角度來審視我們所做的事情，就會發現，捨棄一些事情也未嘗不可。在生活中也是如此，如果靜下心來總結一下就會發現，我們其實常常把時間浪費在那些可做可不做的事情上。

所以，當你為了總是做不完的工作而焦慮時，不妨先停下來，重新梳理一遍手邊的工作，主動地站在對公司幫助最大的角度，站在提升自己能力的角度，把那些最重要的工作找出來並完成它們。試試看，這樣你的工作狀態會不會發生改變。

當我們處於工作永遠做不完的狀態時，依然需要有時間欣賞身邊的風景。

你是偽工作者嗎？

羅振宇和我就偽工作者這個話題做了進一步的交流，我們總結了幾項在IT產業的偽工作和偽工作者的典型特徵。

一、那些既不能為公司帶來較大收益，又不能為用戶帶來價值的改進和「升級」，很多都是偽工作。比如，在網路產業裡，如果一個產品中某些功能或者設計上線之後生命週期不到三個月，代表當初很多開發的工作都是偽工作。按照這個標準衡量，微軟在Windows、Office和IE上很多工作其實都是偽工作。

二、有的人明明能夠透過學習新技能而更有效地工作，卻偏偏要守著過去的舊工具工作，甚至手動操作，這種人是典型的偽工作者。

三、在做事前不認真思考，做事時透過簡單的試誤法（trial and error）盲目尋找答案。

四、做產品不講究品質、不認真測試，上線後不停地修補，總是花費很多時間和精力尋找漏洞和打補釘。

五、不注重以有限資源解決百分之九十五的問題，而是把大部分時間和精力用於糾結不重要的百分之五的問題。

六、每次開會找來大量不必要的人員旁聽，或者總是去參加那些不必要參加的會議。

努力一萬小時真能幫你成功嗎？

加拿大著名作家麥爾坎．葛拉威爾在《異數》一書中提出一個觀點：要把某件事做好需要花一萬小時的時間練習。由於葛拉威爾在書中舉了很多正反兩方面的例子，這個觀點今天大部分人已經知道並且認可，也成為大家努力進步的理論依據，很多人正在為一萬小時的訓練而努力。即使沒有毅力堅持這一萬小時的人，也以此做為臺階：「我之所以不能成為一流的人，是因為沒有完成這一萬小時的努力。」

不過，羅振宇老師在「羅輯思維」第一八五期《即將到來的社會階層》裡提出一個不同的觀點：你花了一萬小時可能也沒用，因為思維方式、周圍環境、境界等因素比下笨功夫要重要。那麼到底誰的話對呢？

其實，他們兩人講的並不完全矛盾。

首先，葛拉威爾在《異數》中不僅談到了一萬小時努力的重要性，還談到了成功的其他必要因素，包括智商、運氣和家庭環境。一萬小時的努力是必要的，而其他條件也是成功的必要條件。遺憾的是，其中沒有一個是充分條件，甚至加在一起也不構成充分條件。為了更好地理解葛拉威爾的原意，我們不妨稍微分析一下他的幾個觀點。

葛拉威爾的**第一個觀點是，如果智商低於一二〇就很難成功，但高於這個值，智商的作用也不明顯。**這個結論有點殘酷，一些人甚至不喜歡這個說法，但它是事實，敢於說出事實的人是有勇氣的。二〇一五年，整個社會都在批評「上清華靠智商論」，因為這違反了自古宣導的「勤能補拙」價值觀。但是，勤能補拙並沒有科學依據。

葛拉威爾的**第二個觀點是，運氣或者時代大環境對成功很重要，簡單地說就是要生逢其時。**美國十九世紀末的商業鉅子成功的原因主要是趕上了那個大時代，同樣的，比爾．蓋茲、賈伯斯等人的成功也是趕上了資訊時代。相反的，如果生不逢時，成功的可能性就低很多了。事實上，但凡成功的人都承認其中有運氣的成分，而不是到處炫耀自己的能力，當他們遇到挫折，會檢討自己的問題，而不是怪罪運氣；反之，不成功的人偶爾得意時會把自己封神，失敗的時候會怪運氣。

葛拉威爾認為，**第三個影響個人發展的重要因素是家庭和生活環境。**好的環境有利於人身體和心智上的成長，能夠培養對生活的積極態度，激發潛力。我一向反對在教育孩子時說什麼起跑點，因為教育是一輩子的事。但是如果一定要說的話，父母的見識就是起跑點。敢於把這個觀點說出來也需要非凡的勇氣，因為它和我們認知的只要自己努力就能成功的價值觀相矛盾。不過我要指出，家庭和生活環境不是簡單地以經濟收入和地區發展程度來劃分。從教育下一代的角度來看，一個家庭比貧窮更可怕的是缺乏見識、缺乏愛、缺乏規矩。沒有錢，有一輩子的機會能夠獲得，而缺乏這三樣東西，縱有天賦，縱然後天再努力，格局和氣度都太小，終難成大事。當然，家庭和生活環境等因素，也只是成功的必要條件而已，遠遠算不上充分條件。

如果有了智力、時代大環境以及家庭和周圍小環境的優勢，接下來該怎麼做呢？葛拉威爾認為要下一萬小時的苦功。**一萬小時的苦功夫不僅對於訓練個人技能是必要的，對一個團隊做出一款好的產品也是必要的。**沒有這個時間下功夫的保障，一切都免談。某次朋友的聚會上，亞馬遜網路書店在矽谷的負責人和我談起一萬小時對於產品設計的作用，在他看來，任何好的產品都需要花足夠的人力和時間來打磨，花的功夫不夠，得到的就是粗製濫造的水貨。在產品開發過程中，常常以人年或者人月來計算工作量，比如投入五個人做三年，就稱為十五人年的工作量。他也不知道打磨一款好的產品具體需要多少人員和人年，我們姑且以累計一萬小時衡量。在他看來，一些小公司之所以能夠做出好產品，是因為「聚焦＋加班」。聚焦使得產品得到較多的人力，加班使得產品提前積累到一萬小時的門檻。大公司有時不聚焦，也不加班，產品磨到一萬小時花的週期較長，很多機會就失去了。因此，對於有天賦、有外在條件的人，要想做到出類拔萃，就先花上一萬小時再說。

但是，如果有人簡單地認為自己天賦不錯，在一個領域做夠一萬小時就能出類拔萃，那就大錯特錯了。一萬小時只不過是必要條件而已，還不充分，更重要的是，這一萬小時不僅要花，還要看怎麼花。很多人對於這個問題會有四個盲點。

盲點一：簡單重複

有些人的一萬小時都在重複低層次的事，前文提到的偽工作者就是這種人。再舉個具體的例子，如果在中學學習數學，不斷重複做容易的題目，考試成績永遠上不去，當然不會有中學生這麼做。但是，職場上很多人卻犯了這個錯誤。比如現在網路比較熱門，一些人學了一點點程式設計技巧，也能賺到還不錯的薪水，就守著那麼點技能，每天低水準地重複。我在《超級智能時代》這本書裡提過一個觀點：在未來的智慧時代，真正受益於技術進步的人可能不超過總人口的百分之二。坦白說，僅僅會寫幾行Javascript的人不屬於我說的百分之二的行列，這些人在未來是要被電腦淘汰的。

盲點二：習慣性失敗

這一類人和前面講的正好相反。他們好高騖遠，不注重學習，懶得總結教訓；同時臉皮還很薄，也不好意思請教。他們迷信失敗是成功之母的說法，然而簡單地重複失敗是永遠走不出失敗的無限迴圈的。因此這些人常常是時間花了很多，甚至不止一萬小時，但是不見效果。在很多公司裡都能見到這種人，一個人在那裡瞎忙，就是找不到解決問題的方法。

盲點三：林黛玉式的困境

林黛玉其實是我非常喜歡的一個人物，我喜歡她是因為她很有內涵和才氣，想問題想得很深，但這也是她的致命傷，她的才華越高，在自己的世界裡越精進，對外界就越排斥（當然外界也排斥她）。一個概念內涵越寬，向外延伸就會越窄。你如果廣泛地說「桌子」這個概念，則包括非常多的家具，但是如果你說「法國洛可可宮廷式的核桃木貼面桌子」，世界上可能就沒有幾件了。林黛玉就是這樣，她不斷精進，到後來賈府裡只有賈寶玉能夠懂她。很多人做事都是這樣，越是在自己的世界耕耘，對外界的所知就越少，而自己的適應性也就越差。有兩類科學家，一類是掌握了一個方法，研究什麼都是一流的，他們越走路越寬，比如愛因斯坦、費米和鮑林（〔Linus Pauling〕兩次獲得諾貝爾獎的化學家）；另一類是路越走越窄，比如發明電晶體的夏克萊（〔William Shockley〕他也因此獲得了諾貝爾獎），他對自己研究的電晶體越熟悉，就越不願意接受其他技術，導致最後無法和工業界、學術界的同行交流。你會發現生活中有很多這樣的人。

盲點四：缺乏融會貫通

一萬小時的努力需要積累的效應，第二次努力要最大限度地複用第一次努力的結果，而不是每一次都從頭開始。希臘科學體系和東方工匠式的知識體系有很大的差別。前者有一個完整的體系，任何發明、發現都可以疊加，你為幾何學貢獻了一個新的定理，幾何學就擴大一圈。而後者不成體系，是零碎的知識點（甚至只是經驗點），每一個新的進步都是孤立的，因此很多失傳了，後世的人又要從頭開始。我們知道今天幾乎任何一所三甲醫院[22]的主治醫師，水準都比五十

22 按照中國大陸《醫院分級管理辦法》，屬於最高等級的醫院。

年前所謂的知名西醫高很多。但是，今天沒有哪個中醫敢講自己比五百年前的知名中醫水準高。這就是因為前者有積累效應，而後者沒有。很多人讀書也不懂融會貫通，做了一堆題目，相互關係卻沒有搞清楚，學到的都是零散的知識點，換一道題就不會做了，因此時間花得不少，成績卻無法提升。在工作中也是如此。

根據我自己的體會以及對周遭人的觀察，無論是個人天賦、大環境和小環境，還是個人努力的程度，都只是成功的必要條件，並不充分。當然，你可能會說，那我們不就沒有希望了嗎？也不盡然。雖然沒有什麼條件能保證一定成功，但是，總有相對較好的做法和更有效的途徑。凡事沒有絕對的對與錯，但是卻有好與壞之分。在下一篇裡，我將根據自己的體會談談如何有效地透過一萬小時盡可能地提升自己。

三板斧破四困境

關於前文提到的關於一萬小時的四個盲點，即簡單重複、習慣性失敗、林黛玉式的困境和缺乏融會貫通，我自己總結了三個簡單易行的方法，幫助我突破這些盲點，或許也能對大家有所幫助。我把這三個方法稱為破局的「三板斧」。

第一板斧：確立「願景—目標—道路」

既然我們花一萬小時來提高專業水準是為了精進，而不是簡單的重複，就需要有一個非常明確的方向，這個方向就是願景。比如有些人想成為優秀的軟體工程師，這個願景就非常好；相反的，如果有些人滿足於五年（正常工作大約一萬小時）堅持不懈地寫 Javascript，以便能夠寫得更熟、更快，那是非常糟糕的，因為這是低水準的重複。五年後你把它練熟了，可能 Javascript 也已經過時了，或者是由電腦來寫了。我們在生活和職場中看到太多熟練工種找不到工作的情況，因為他們的技能過時了，比如打算盤的技能在二十年前已經不能賴以謀生；開車在二十年前幾乎是每個成年人都會的技能，對謀生沒有什麼特別的幫助；今天，掌握一門外語可能還有工作，十年後因為有人工智慧技術，可能大部分翻譯都會失業。因此，人想進步，就必須給自己確立一個合適的願景。

有了願景，還需要有階段性目標。我們經常聽到「戰略」這個詞，什麼是戰略呢？戰略的核心就是設定階段性目標，以便實現願景。對於一個電腦工程師來說，如果能做到自己領導一個團隊做出一件世界級的產品，就算是我心目中的三級工程師了，這是一般人能夠實現的願景，至於什麼是一級、二級，或者四級、五級，在第六章我會專門介紹。要成為三級工程師並不容易，他對電腦科學的本質要有了解，掌握每年的變化，對於它的工具（程式設計不過是工具而已）要得心應手，對於產品設計要有常識，對於未知的問題要知道如何下手解決，對於一個大問題知道如何拆解交給手下的員工去做。上述每一項都是一個階段性目標。

有了戰略，還要有戰術。為了實現目標就要有通向成功的道路，這條道路可以拆解成一系列可操作的步驟。例如，提高程式品質水準，可以從寫單元測試這種可操作的事情做起。稍微熟悉一種技能之後，就需要做一件新的、有挑戰性的事情，以便達到下一個目標。在任何一個公司，主管對於這種不斷挑戰自己往上走的人都是歡迎的。當然，不斷挑戰自己的人要付出的代價不僅僅是辛苦，可能還有短期內的經濟損失，畢竟從短期來看，重複自己駕輕就熟的工作比接受新挑戰在績效上顯得好很多，獎金也會多一些。

第二板斧：即使聽到不中聽的話，也要試著找出其中的合理之處

這是我的中學校長萬幫儒先生在我畢業前對我講的話，這句話大概有三層意思。

第一層，相當於我們今天說的換位思考，當然那時還沒有換位思考這個詞。

第二層，凡事要習慣三思。比如某個人和你講了一件事，你第一個感覺可能是他在胡說八道，但是，一定要想第二遍，是否我錯了、他對了。這一遍思考，絕對不能假設自己是對的；如果又想了第二遍，還是覺得自己對、對方錯，要想第三遍，是否我的境界不夠，不能理解他。為什麼要想第三遍呢？因為任何一個想要精進的人，都要和比自己強的人來往，比如下棋，如果整天和棋藝不精的人下，只能越下越差。既然是和比自己強的人來往，第三種情況就很可能發生，因此這時候不妨進一步交流，深入了解對方那麼說的原因。只要經常這麼做，就能避免習慣性失敗。

第三層，即使對方真的是胡說八道，也要思考他為什麼這麼說，找出其中的合理性。舉一個極端的例子，你在公司裡遇到一個罵街的潑婦，你也沒有招惹她，她對你劈頭就是一頓臭罵。對此我們有三種做法：一種是罵回去；一種是裝作沒聽見；但是我會採取第三種，就是思考為什麼她沒緣由地罵我，或許她是一個瘋子，那麼我以後走路離她遠點，也算獲得一個教訓；或許她真有罵我的原因，而這個原因就是合理性，如果我們找到了這個原因，不僅理解她的問題，還對人性的理解有所提升。

如果我們總是能從不中聽的話中找到合理性，不僅進步快，而且眼界、氣度都會比一般人高出很多，才不會陷入林黛玉式的困境。這一點看似不容易做，但我的做法很簡單，就是每次遇到別人和我意見不同時，就立即開啟尋找對方合理性的開關，直到找到對方的合理性為止。我也不知道這樣做是否算強迫症，但真的特別有助於進步。相反的，當對方看法和我們一致時，反而不需要找合理性讓自己沾沾自喜。

第三板斧：凡事記錄，這樣可以避免囫圇吞棗

做任何職業，比如工程師、會計師、律師，都會遇到一些難題，解決了這些難題，我們就進步了。遺憾的是，大部分人過分相信自己的記憶力，以為自己能記住，但實際上很快就會忘了，等到第二次、第三次遇到同樣的問題時，還是束手無策，或者花很多時間去解決。因此，這就是凡事記錄的好處之一。做記錄的另一個好處是，在記錄過程中又思考了一遍，進步得更快。相比之下，歐美人比較喜歡記錄，他們發明一個東西可以做為那個時代的定義，比如美國工業崛起的時代，當時是如何做實驗的，今天依然能找到紀錄，這樣經驗也容易積累和傳承。相反的，在中國，失傳是個非常常見的詞，以至於常常重複低水準的發明。

這三板斧對我來說非常有效，但是否對所有人都有用，我不敢打包票。有沒有更多、更好的方法呢？或許有。但是，太多太複雜的方法難以實施，效果反而不如簡單易行的方法。我從不認為自己能夠記住那些「十個改變你生活的方法」或「二十條提高效率的法寶」等，因為數量太多根本記不住，更不要說照著做了。簡易可行的方法或許靈，或許不靈，但是即使不靈也能很快發現而去尋找更有效的方法。牛頓曾說，自然界喜歡簡單。而在工作中，有效的方法也往往是簡單的方法，這算是我在職場上這麼多年的一些感悟吧。

OKR：谷歌的目標管理法

俗話說，工欲善其事，必先利其器。為了在生活和工作中提高效率，讓自己活得更輕鬆，我們也需要一個管理自己目標的工具。谷歌雖然看起來管理鬆散，但是做事情的效率頗高，這說明它外鬆內緊的管理方式其實挺有效的。在這裡與大家分享一下它進行目標管理的工具：OKR。

OKR 是 Objectives Key Results 的縮寫，即目標和衡量目標是否達成的關鍵結果。谷歌的每個員工每季之初都需要替自己定一個或者數個目標，每個人的 OKR 大約半頁紙長，寫好後放到自己在公司的網頁上，這樣大家都可以看到。如果誰沒有制定 OKR 也一目了然，即使沒有人催促他，大家看到他的網頁上一片空白，他自己也會不好意思。這其實在管理上已經發揮了最基本的監督作用。

而每季結束之前，谷歌的每個人都會替自己的目標完成度打分數。完成了，得分就是一；如果部分完成，得分是〇～一之間。谷歌強調每個人制定的目標要有挑戰性，如果一個人完成目標的得分總是一，並不代表他工作能力好，而是目標定得太低。大部分情況下，大家完成目標的得分在〇．七～〇．八。當然，每季剛開始的想法，和後來完成的任務可能會有差異，早期沒有想到的事情後來可能做了。因此，在總結每季工作時，可以增加當初沒有制定的目標；對於不打算完成的目標，或者已經過時、不再有意義的目標，不能刪除，但是可以說明為什麼沒有做。今天我就按照谷歌制定 OKR 的習慣，介紹我在二〇一七年的目標及第一季結束時的完成情況（見次頁）。

2017 年的目標及第一季度目標完成情況

目標	關鍵結果	正常進度		落後或者修改		已經完成	
		得分	備註	得分	備註	得分	備註
1 完成《數學之美》的英文版和韓文版；完成《大學之路》第二版	1.1 找到英文版的出版社					1.0	已經簽訂合同
	1.2 尋找合適的、母語是英語的合作者，修改英文版書稿	0.3	試了兩個譯者都不滿意，正在聯繫第三個譯者，讓她試譯一章				
	1.3 完成英文版的寫作			0.1	因為譯者還沒有找到，因此我自己譯了一章，前言、目錄之後要由譯者做		
	1.4 爭取年底前出版				調整為 2017 年年底前完成翻譯工作，2018 年中期出版		
	1.5 配合韓文版的出版商，爭取 2017 年年底前出版	0.7	出版者正在談合同				
	1.6 完成《大學之路》第二版，補充公立教育的內容，增加關於「柏克萊」的一章，增加有關大學申請的內容，更換一些照片。4 月底完成修改，爭取 9 月之前上市	0.3	完成了「柏克萊」的部分內容；可以按時完成				
2 將《矽谷來信》的部分內容完善，整理成書並出版	2.1（6 月開始）選擇三個題目（方向），每個題目 20 封來信	0.5	已經選擇好了第一批內容				
	2.2 對於所挑選的這 60 封來信，補充材料，每封信拓展成大約 5,000 字的完整內容	0.3	完成了第一本書 30% 的內容初稿，50% 的內容和來信不同，當然書名不叫《矽谷來信》，而是類似於《精進的智慧》，最後的書名再商量，預計 9 月中旬和讀者見面				
	2.3 8 月底完成初稿，爭取 2017 年年底前出版				估計第一本書可以完成任務		
	2.4 爭取 2017 年年底能出第二本				（新增加內容）		
3 更新在商學院的講課內容，完成 60 小時教學量	3.1 將 2016 年在一些場合講的新內容整理成課件，春季學期在上海交通大學試講	0.3	新的內容已經在研習社試講				
	3.2 將這些內容按照主題分成大約三個 1.5 ～ 2 個小時講座的內容，以便以後在演講中使用					1.0	講義已經做好
4 按照協議完成《矽谷來信》		0.5	按時提供了內容，訂戶數目增長超過預期				

目標	關鍵結果	正常進度		落後或者修改		已經完成	
		得分	備註	得分	備註	得分	備註
5 完成豐元資本第三期融資			超過預期（恕不能透露細節）				
6 完成旅行計畫和整理攝影照片	6.1 去一趟歐洲						安排了三趟
	6.2 駕車在美國西部轉一圈				由於 6.1 的改動，這項取消		
	6.3 學習 Light Room（以後期製作為核心的圖形工具軟體），練習攝影技巧			0	沒有時間做		
	6.4 製作 5 本自己看的攝影集，兩本今年的，三本是還去年的債			0	沒有時間做		
7 關於家庭、孩子和庭院修葺的目標		0.5	超額完成（恕不能透露細節）				
8 財務目標		0.3	達到預期（恕不能透露細節）				
9 學習計畫	9.1 上兩門 Coursera（免費大型公開線上課程專案）的課，一門法律，一門生物			0.1	在聽賓夕法尼亞大學開的一門法律課，開始時間較晚，但是 2017 年上半年能完成		
	9.2 認真讀 10 本書，再快速閱讀另外 10 本書	0.25	讀完了 5 本書，即《未來簡史》、《耶路撒冷三千年》和三本體育歷史書（寫得不好，只能算一本），以及《知的資本論》和 *The Blooming Tower*				
10 （舊）完成《美國十案》和一本科普圖書的初稿	10 月將兩本書的初稿交給出版社			0.2	《美國十案》寫完了三章，科普圖書也在寫，但是 2017 年完成兩本書的可能性不大，改為一本		
10 （新）完成《美國十案》或者一本科普圖書的初稿	10.1 將一本書的初稿交給出版社				2017 年年底前完成		
	10.2 2017 年吸取之前的教訓，提前和寫推薦序的朋友打招呼						
11 鍛煉	全年跑步 1000 公里	0.25	跑步較少，不過打球比以前多，每週能保證 10 個小時的鍛煉				
12 促成一項公司和大學的合作					算是我的慈善行動（新增加的目標）		

第一季度總體完成水準：達到預期（通常完成 70 ～ 80% 就算達到預期），部分超出預期。此外，我對部分目標做了調整（如目標 10 ），新增加一項目標（如目標 12 ）

上表是我在二〇一七年年初想到的目標及第一季結束後完成的情況。當然，中間已經做了適當的調整，二〇一七年年底有一小半目標也已經調整。如果最後完成了百分之七十，我就滿意了。

至於如何能夠達成目標，其實也有一種非常簡單的專案（或者任務）管理方法，就是所謂的「消耗跟蹤曲線」。什麼意思呢？假設一件事情開始做的時候總任務量是百分之百，做完了是〇。假如一百天做完，平均每天要做百分之一，你可以畫一條直線（在下圖中，只顯示直線這種特殊的曲線，如果進度和時間不是線性關係，那麼可能畫出來的是曲線），從百分之百一直到〇（如圖中的直線）。如果過一段時間，比如一個月後，我們還剩下百分之八十五的工作量，你從起始點（百分之百）到一個月後（百分之八十五）的位置畫一條直線，這就是消耗跟蹤曲線的第一段。當然，由於

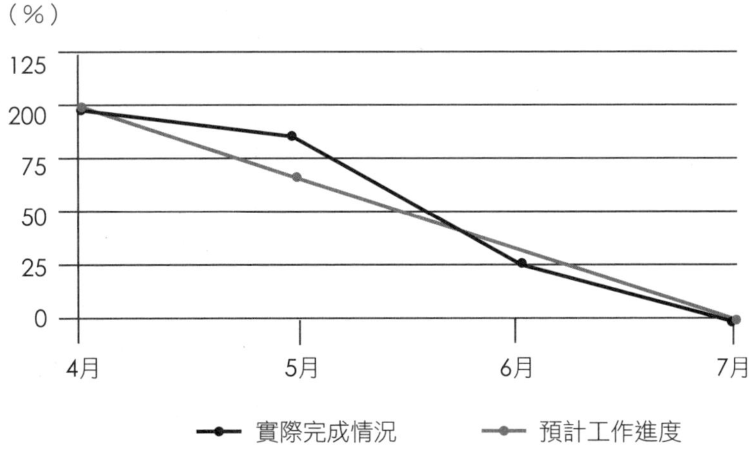

消耗跟蹤曲線

任務沒有達到預期的進度，因此實際的消耗跟蹤曲線在計畫直線的上方。如果畫出的實際曲線一直在計畫直線的上方，代表沒有按期完成任務，你就要抓緊了；如果畫出的曲線在計畫直線的下方，就可以高興了，因為進度已經領先。

這種曲線的原理很簡單，無非是比較工作實際完成的情況和預想進度的差別。自律的人其實不需要花時間畫這種曲線，但是對於總是在最後一刻才開始努力完成任務的人來說，定期畫這種曲線其實是在提醒自己要按時完成工作。時間一長，習慣成自然，總是趕最後一分鐘的人，或許能夠改變工作的方式。這個方法，我們過去在督促下屬管理專案進度時很有效。當然，是否每個人都適用，需要試試才知道。

做好最後的百分之一

不少讀者留言，希望我談談過去對自己影響最大的教育。關於我所接受的學校教育，在《大學之路》中已有介紹。不過，有些時候，生活中的一些小事情對我們的教育意義不亞於任何的學校教育。在這裡，我就分享一些對我產生巨大影響的小事，藉由它們，我學習到很多在課堂、實驗室以及工作中學不到的東西，對自我提升有很大的幫助。

不容小覷的一步之差

高中的時候，我是一個比較散漫的學生，現在回想起來，我要感謝學校的就是它對我這種散漫的寬容。有一年運動會，沒有比賽的同學照例要留下來看比賽，為運動員做好後勤支援，不可以私自回家。但是，你也知道，並沒有那麼多支援可以做，也不是所有的比賽都吸引人，因此很多人就偷跑了。當然學校下午會點名，哪個班的人數對不上就會被扣分，即使如此，還是攔不住同學們以各種名義離開。

那次運動會，我和一位同學騎車溜出校門，跑到北大校園裡去玩，那時北大還允許校外的人自由進出。在未名湖畔玩了大半個下午，覺得該回學校點名了，於是我們騎車返回。到了校門口發現運動會已經結束，很多同學都往回家的路上走。我和那位同學說：「既然已經散了，我們也回家吧。」那位同學講了一句話，我一輩子都牢記在心，他說：「我們已經走了九十九步，為什麼不把最後一步走完呢？」於是我們進入校園，點完名才回去。從此，我就記住了一定要把事情的最後一步做好。

生活中，很多人做事情總是不把最後一步走完。我有一次去北京出差，需要從王府井的一個酒店搬到國貿的另一個酒店。一位朋友自告奮勇地來幫我搬行李，從他的公司開車到王府井的酒店大約需要半個小時，然後等我把行李裝上車，再開車到國貿，又需要大約半個小時。我的酒店在國貿橋的北邊，他從西往東開，是抵達國貿橋的南面，如果掉頭把我送到酒店門前可能還要多花五分鐘。這位朋友偷懶，說：「我就不過去了，你能自己過馬路吧？」我表示這個當然沒問題，然後他直接開車回公司，估計還要半個小時左右。等我把兩個行李箱拖到對面的酒店，他打電話來，說把我扔在路上有點不夠意思。我當即表示，他已經幫了很大的忙了，非常感謝他。不過，如果我是他，既然已經花了一個半小時幫別人忙，不妨再花五分鐘時間掉個頭，把人送到目的地。

你可能會發現，在日常生活中，大部分人願意開頭而不願意收尾，九十九步都走了，卻懶得把最後一步走完。這可能是人的天性，凡事差不多就可以了，總覺得最後一點即使不做也無關緊要，但是這樣完成事情的品質就會大打折扣。在職場上，這種人平時完成一般的工作或許沒有問題，但是那些最重要的事情，主管可能不敢交給他們。這些人實際上可能和走完一百步的人同樣辛苦，但是成就卻相去甚遠。

好百分之五的價值

在谷歌，我們強調做事要達到「瑞士製造」的品質，我們稱之為「谷歌品質」。大家都知道，德國製造以品質好著稱，如果要找一個比德國製造品質更好的國家，那就是瑞士了。瑞士並不生產很多東西，但是如果做，就要做到最好，因為這個國家太缺乏資源了，只能以質取勝。因為品質比別人好那麼一點點，東西就特別貴。當然瑞士製造的精神並不僅僅體現在瑞士人身上，很多製造極致商品的人都秉持這樣的精神。一些人問我是否買奢侈品，我其實偶爾會買，但是認識我的人都知道我並不使用什麼奢侈品。我買它們的目的是因為有些東西做得實在太完美，便買下來欣賞。很多奢侈品其實只比一般的高級商品好百分之五，但是為了這百分之五，人們可能多花兩三倍的錢。這就是瑞士製造的特點。在產品和工程上，谷歌可能只比競爭對手好百分之五，但就是這百分之五使得用戶選擇了它，從而獲得比其他公司大出幾倍的市場份額。

一定要等到「確認」

走完一百步的精神不僅僅體現在做東西、做事情上，還體現在交流和溝通上。我們時常會遇到一個現象，你通知別人一件事情，自己覺得通知到了，結果別人沒有留心或者忘了，最後導致一些不愉快。這種事情並不能完全怪對方，因為發通知的人可能只走了九十九步，而不是一百步。那什麼算是走了一百步呢？我和高盛以及摩根士丹利（Morgan Stanley）打交道時發現，他們寫郵件給我也好，打電話也好，都要等我說出「確認」兩個字才算任務完成。當我確認過後，他們通知我的事情才算是真正記住了（通常他們中間還會提醒我）。正是注重了這一點點細節，走完了最後一步，這兩家頂級投資銀行才讓客戶非常滿意，客戶的忠誠度也極高。當我們看到高盛和摩根士丹利賺大錢時，是否想過它們做事注重最後一步的細節呢？

很多年輕人和我抱怨在北京買不起房子。的確，對於一般薪水族來說，按照現在的房價可能一輩子也很難在四環附近買一間房子。我以前說矽谷的房子不是給一般公司員工準備的，因為人多房少，只有那些各方面比別人突出的人才配享受在矽谷地區擁有房子。今天的北京等城市也是如此，未來位置相對好的房子，可能也只是為那些在自己領域做得最好的百分之五的人準備的（而最好地段的房子可能是為百分之一的人準備的）。世界上，做得還算過得去的人與前百分之一的人相比，可能只差最後幾步路，但是收入、社會地位、發展機會卻差別很大。因此，我常說，把事情做好，即使不是為了讓自己顯得多麼優秀和崇高，至少也是為了有一間舒適方便的房子。如果我們腦子裡總是牢記「瑞士製造」這四個字，在北京或者其他一線城市擁有一間夢想的住房或許就不那麼遙不可及了。

直到今天，我還非常感謝我的一些同學。他們都不是完人，卻有許多優點。當我看到這些差距時，就會提醒自己要改進。時間久了，他們有什麼缺點我反而不記得，只記得他們對我好的影響，因為那些記憶讓我受益終身。我也要感謝那些最後百分之一做得不是很好的朋友，因為他們從另一個角度教育了我。英國著名教育家約翰．亨利．紐曼（John Henry Newman）說過，最好的教育應該是讓年輕人生活在一起相互學習。在過去，要做到這一點非常困難，因為受到地理位置的限制；但是今天有了網路，學習就方便多了。我在「得到」上開設《矽谷來信》之後，經常和讀者們交流，我發現「得到」訂閱者的水準和求知欲望在整體上要高出一大截。從很多讀者的留言中可以看出，在這樣的環境中，他們不到一年的時間就有極其顯著的進步，這也再次驗證了紐曼的觀點。在我們身邊其實不乏各種益友，有他們的幫助，我們離「最好」就更近了一步。

第六章　職場的盲點與破法

第一份工作很重要，它的性質和成敗決定了你此後職業發展的方向和事業起點。對第一份工作，年輕人常常陷入一些盲點，尤其是過於看重薪水而影響了對工作的價值判斷。

年輕人第一份工作不要太在乎薪水

當一個求職者通過面試拿到錄取通知時，接下來關心的就是薪水問題。不過，在正式談這個問題之前，我先說一點別的事情，不過也和這個主題相關。

參加過拍賣會的人可能有過這樣的體會，對於自己喜歡的收藏品，願意出的價錢一般會高出市場價格，我常常是出兩倍的價格，也就是說多出百分之百的溢價。當然，很多人可能會問：「這樣你不是虧了嗎？」我是這樣想的，與其為了省錢或者為了用公平的價格買到而留下遺憾，不如心疼一次，讓自己長期滿意。拍賣品不同於商店裡的商品，總是有很多件等著你。拍賣品是過了這個村，就沒這個店，因此對於真正有意義的物品，我寧可出高價。我投資時也是秉持這個原則，永遠不撿便宜貨，我不在意一個公司今天的股價是多少，或者估值是多少錢，而是在意它是否夠好。巴菲特說，「要用一個合理的價格購買一個好的公司，不要用一個便宜的價格購買一個平庸的公司。」（Purchase a good company at a fair price，not a fair company at a good price. 這裡的 fair 有兩個含義，一個是公平的意思，一個是平庸的意思），也是這個道理。

殺雞一定要用牛刀

我曾經在谷歌和騰訊任職多年、招聘過不少高薪員工，在這裡分享一下谷歌的招聘哲學。首先，對於非常重要的崗位，公司會開出一個比市場行情價高一倍的薪水，這樣就可以由公司來挑選最好的人，而不是讓最好的人在幾家公司之間比較。這種方法我也用來聘請會計師和律師這些專業人士，即開出比整個行業平均水準高出一倍的薪水，讓那些最優秀、最敬業的人為我所用。我的會計師和律師為我工作了十多年，至今我對他們都非常滿意。在谷歌和騰訊，我們靠這種方法聘請到業界數一數二的菁英，事實證明，他們能夠創造一般人創造不出的奇蹟。

二〇〇四年，谷歌想做機器翻譯，主要的宣導者弗朗茲（Alex Franz）和我都是做語音辨識的，我們發現，如果從頭研究這個新問題，恐怕我們沒有任何優勢，可能永遠無法超越 IBM 等公司。怎麼辦呢？我們問自己，世界上誰做這個最好？答案我們很清楚，就是當時在南加州大學任教的奧科博士（Franz Och）。接下來的事情就很簡單了，我們找到奧科博士，提出遠遠高於他期望的薪水福利，而且答應他來谷歌以後由他做負責人，弗朗茲等人都向他彙報，希望讓奧科博士能夠放棄教職，加入當時只有幾千人的谷歌公司。為了進一步讓他滿意，我們告訴他一定要在公司提交上市申請報告的那天來報到，因為那時候股票的價格非常低，然後允許他請長假，回到大學將那一學期的課繼續教完。谷歌很多改變世界的項目都是這麼做出來的。若要總結谷歌在工程上成功的奧祕，其實就是一句話，「殺雞一定要用牛刀」。今天，阿里巴巴等公司也在學谷歌的這種做法。

世界上人和人的差別往往是數量級的。在重要的崗位上，用一個一流的人和用一個三流的人，結果會大不相同。但是，為了吸引一流的人，而且讓他安心為你工作很長時間，最好的辦法就是給他一個高出預期的待遇。但是，這種重要職位對一個公司來說非常少，因此對於大多數員工，我們不會給予任何比市場行情更高的待遇，有時給的待遇可能比競爭對手還要低。讀到這裡，可能有人會說：「你這不是欺負人嗎？」並不是！因為我雖然不提供更高的薪水，但是能給年輕人更多的成長空間，因為真正有志之人，會更看重後者。說到這裡，就要回到這一篇的主題：我對年輕人第一份工作的建議。

成長空間比薪水重要

幾乎沒有人是靠第一份工作的薪水發財。如果能認清這個事實，就能體會第一份工作是否多百分之二十的薪水是件毫無意義的事，因為你在那個階段根本是賺多少花多少。舉個簡單的例子。

今天，一個從北京知名大學畢業的研究生到最好的公司去，一年能拿到人民幣三十萬元年薪就算不錯了（這可能已經比他的大學老師賺得多了）。我估計大部分讀者都認同這個薪水算高。但是，如果想靠這個薪水存錢在北京好的學區買間還說得過去的房子，門都也沒有。三十萬元的年薪雖然看起來不少，但是扣除掉稅和保險等費用後，五分之一就沒有了；租房子吃飯，恐怕又花掉五分之一；交個女朋友，為她買點禮物，兩個人出去玩玩，又去掉五分之一（如果男生捨不得花這五分之一，我建議女生不要和他在一起）；逢年過節孝敬一下父母，自己再有點小愛好，可能又花掉百分之十。算下來，如果一年下來能存四、五萬元，已經算是非常精打細算了。那麼，假設他畢業時有另一家公司願意每年多付他五萬元（同一個行業、不同公司之間也只能多這麼一點點），他是否會將扣稅後所得全部存起來呢？恐怕不會。他不過是把原來送給女朋友的小米手機升級成蘋果手機，原本為她買媚比琳的化妝品，現在升級為蘭蔻或者資生堂，同時每年還多花兩萬元租房子，如此而已。就算他非常節省自律，能多存一點，每年也只能存七、八萬元，不過是北京一般地區一平方公尺的房子價格，而房價的上漲速度遠超過薪水上漲的速度。因此，這位經過十六年寒窗苦讀、從名校畢業、自視甚高的天之驕子，一輩子連一間房子也買不起，這就是現實。在矽谷也是如此，只有大約超過百分之十的人在比較好的社區有自己的住房，比例比北京還低，多少從史丹佛和柏克萊畢業的人到了快四十歲還在租房子呢！

怎麼辦？人的第一份工作很重要，它必須能幫助你在十年後賺到同齡人或者同班同學三～五倍的收入，這樣你才能在北京買得起房子。第一份工作必須能夠讓你極快速地成長，養成良好的職業習慣，在最短的時間裡了解全產業，而且你也需要主動透過第一份工作盡可能地成長。

在IT產業裡做工程的人會有這樣的體會，大學畢業去了谷歌或者微軟的，只要願意學習，三年後工程能力都很強；去百度、騰訊和阿里巴巴的人，就會差不少了，因為前者非常注重培養人，而後者不注重，當然去了其他公司的情況可能更差。三年後，如果從微軟跳槽到阿里巴巴這樣的公司，可以拿非常高的薪水，就能實現比同班同學薪水高一倍的目標。當然，再次選擇新公司時，依然應該以成長為目標，而不是以多百分之二十的薪水為標準。阿里巴巴這樣的公司還非常看重業績表現，如果員工願意學習，有一顆開放的心，在接下來的三年裡會進步很快。如果能夠一直以這樣的態度去做事情，十年下來，比同班同學的收入多三～五倍絕對不是夢。而真正達到了這個目標後，我想他至少對事業發展和經濟地位應該比較滿意了。

如果運氣好，也足夠努力，他就可能成為那些谷歌願意出雙倍價錢聘請的人。而靠工作發財的人，都是這一類。這些人將來如果創業，成功的可能性也比其他人高很多。

當然，很多人會說，你說的這些公司和大學，我連做夢都夢不到，怎麼辦呢？但我只是用大家熟知的例子而已。每個人都有自己的起點，自己和自己比，和與自己同條件的人比，重要的是，每過幾年就要真正上一層樓。

反過來，如果第一份工作看似賺錢多一點，卻什麼都沒有學到，什麼機會都沒有，十年做下來，這個人可能會發現自己在原地踏步。我在騰訊面試過一些從清華、北大畢業，到外面混了一圈的人，發現他們不但水準比應屆畢業生高不了多少，還養成了一堆壞毛病。我在谷歌也遇過類似的情況。每年總會有些不錯的應徵者接到我們提出的薪水福利，但他們卻沒有接受。三、四年後，他們又跑回來重新面試谷歌的工作，我問他們當時為什麼不接受谷歌的職位，他們往往是說，雅虎或者微軟多給了百分之二十的薪水。當然，通常我們還是會招這些人進來，但是到了谷歌之後，他們的職位可能就比同班同學低了一級。在美國，大部分人通常一輩子只能晉升兩次，在谷歌這樣的企業最多只多一次。如果畢業後幾年，職位仍比同班同學差了一級，即使多賺了點錢，也不是什麼好事，更何況，一旦在第一份工作中養成壞習慣，會影響自己一生的發展。

最後，讀者朋友或許會問，如果每個人都往那些收入低一點但是非常好的公司擠，怎麼辦？這一點你完全不用擔心。我發現無論是在中國還是美國，在乎百分之二十薪水的人要比注重自我成長的人多，因此給有志氣的人留下了機會。

五級工程師和職業發展

我在寫《矽谷來信》這個專欄時，談到了很多職業發展的體會。很多讀者讀了我的信之後給予很多有價值的回饋。我將一些回饋整理總結，發現了一些頗為普遍的問題，比如：

老師你好，我是程式師（財務、編輯或律師），想在專業上深入鑽研，也喜歡這個領域，但是如果長期做技術人員，在公司地位低下，很迷茫。

我知道我有很多讀者可能正在努力往上打拚，有些人可能在基層位置上工作了很多年，遇到了職業發展的天花板。他們並不想放棄自己喜歡的領域，但是覺得在公司如果無法當官就沒有前途。有人聽說國外一些公司對工程師很重視，非常嚮往，同時也抱怨自己的公司對自己不重視，並且將這種情況上綱到制度文化面。今天我們就來談談這個問題。

我們先來定一個對專業人士的評價體系，這個體系不是我發明的，而是由俄國著名物理學家朗道（Lev Davidovich Landau）發明的。

朗道一生有三個貢獻。首先做為一個科學家，他發明了「朗道變換」，因此獲得了諾貝爾獎。其次，做為一個教育者，他建立了一個稱為「朗道位壘」的理論物理進階練習。實際上就是一系列越來越難的物理學練習題，一個學習理論物理的人可以看看自己能攻克多少朗道位壘，知道自己的水準，提高自己的水準，就有點像是通關遊戲。最後，他提出了一種按照水準和貢獻劃分物理學家的方法，被稱為物理學家的等級。

按照朗道的理論，物理學家可以分為五個等級，第一級最高，第五級最低，每一級之間能力和貢獻相差十倍。第一級朗道列出了當時十幾個世界級的大師，包括波爾（Niels Henrik David Bohr）、狄拉克（Paul Adrien Maurice Dirac）等人。第二級全世界也只有幾十位。朗道將自己列入二．五級，在獲得諾貝爾獎之後，將自己提升到一．五級。在所有物理學家中，朗道提出了一個零級的大師，就是愛因斯坦。朗道等級最核心的思想是，人和人的差距、能力和能力的差距，是數量級的差別，而不是通常人們想像中的差一

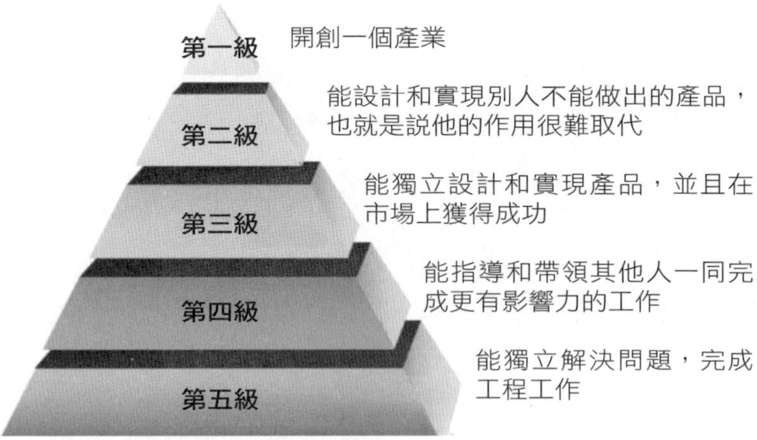
第一級
開創一個產業
第二級
能設計和實現別人不能做出的產品，也就是說他的作用很難取代
第三級
能獨立設計和實現產品，並且在市場上獲得成功
第四級
能指導和帶領其他人一同完成更有影響力的工作
第五級
能獨立解決問題，完成工程工作

按照朗道理論劃分的 IT 行業五級工程師

點點。

仿照朗道的方法，我也將IT產業的工程師分成五個等級，對於其他專業人士，也可以依此分類。分類的原則大致如右圖所示。

以電腦產業為例，一個人畢業後，經過一段時間的鍛煉，**能夠熟練應用工程的知識和技能解決問題，獨立完成分配到的工作，而不需要他人指導，就算是合格的第五級工程師了**。再具體一點，假設這個人在京東任職，老闆要他開發一個工具，找出那些經常幫助女（男）朋友買書的讀者。他知道在公司內找誰去要資料，如何確認兩個人可能是男女朋友，而且經常買書；也知道自己在京東的環境，應該使用什麼樣的開發工具，以及為了方便客戶使用，這個工具應該有什麼樣的基本功能。

如果做不到這件事情，算不上合格的工程師。在過去，工程師和科學家是可以並列的頭銜，今天在法國和德國依然如此，那裡的工程師具有特殊的資格證書，就如同醫生和律師有特殊的資格證書一樣。但是在中國，很多人從工科大學一畢業，公司就在他的名片上印上「工程師」，然後他似乎就成為工程師了。但很多人有這個頭銜，卻不具備工程師所應該有的基本技能。在IT產業，很多人被稱為「碼農」，雖然名字不太好聽，但是仔細想想，似乎也是天天簡單地重複低層次IT工作的人的寫照。我想，上述對第五級工程師的要求，任何一個從工科大學畢業的學生，只要自己有心，也往這個方向努力，就不難達到。如果達不到這個層次，不能算合格的工程師。

而**第四級的工程師就需要有領導能力，和在工程上把大問題化解為小問題的能力**。依照前述「願景—目標—道路」的邏輯（見第五章），他們能夠找出實現比較大目標的道路。工程師和科學家不同，後者考慮的是對和錯，前者則是在現有條件下考慮好和壞的解決方案。

比如建造一座海灣大橋，工程師會在現有資金的條件下，根據交通需求設計一座兩百年壽命的大橋，但是為了讓軍隊迅速通過一條河，他們追求的目標就變成了在最短時間內建造一座足夠讓軍隊安全渡河的浮橋。目標不同，工程師的解決方案就不同，這件事對於土木工程師和橋梁工程師來講應該不是問題，但是很多搞IT的人，常常會把海灣大橋修成浮橋，也會把浮橋按照海灣大橋來慢慢修。

因此，能否成為第四級工程師，要看能否最好地解決這樣有規模的實際問題。這個能力遠不是熟練寫程式就足夠的。很多人抱怨自己的機會不夠，其實從管理者的角度來看，中國IT公司裡非常缺乏這樣有頭腦的工程師。至於為什麼有的人能夠得到機會，那是他們和上下級的溝通能力較強幫助了他們。

第三級的工程師應該能夠獨立帶領其他人做出一個為公司賺得利潤的產品。除了需要具備上述能力外，還涉及對市場的判斷能力和行銷能力。很多人說，我只是做工程的，這個東西是否有用我不清楚，有什麼事情你叫我做就好了。這樣顯然達不到第三級工程師的要求。第三級工程師本身必須是非常好的產品經理。一個有良好工程素養的人，如果心胸開闊，願意接受各種意見和建議，經過努力，就可以做到這一步。你可能奇怪，我為什麼只強調心胸開闊，因為人有多大的心，就能做多大的事。有人抱怨身為工程師，收入和社會地位太低，我想如果你做到第三級就不低了。當然，再往上，就不是很多人能夠做到的。

第二級工程師能夠做出過去沒有的東西，世界因為他們多少有點不同。比如北極光風投的創始人鄧鋒，在他（和謝青、柯岩）之前，世界上沒有真正的網路防火牆，他們做出了這個設備，並且成功創立了當時世界上最大的防火牆公司（Netscreen），這家公司在被收購前市值大約二十億美元。他可以算得上是第二級工程師。另外，谷歌雲端運算的發明人傑夫·迪恩也可以算。你如果能成為第二級工程師非常好，但是如果不能也沒有關係，不必對自己太苛刻。

第一級工程師是開創產業的人，包括愛迪生、福特、貝爾等人，可能離我們遠一點。

我想接下來大家應該知道努力的方向了，每提高一級，你的影響力和收入就會增加很多，當然對你的綜合能力的要求也高得多。

最後我想大家可能會問：「你處在哪一級呢？」我姑且把自己放在二·五級吧。

職場上的四個盲點和四個突破

年輕人走出校門、進入職場都會有一個不適應的過程。在學校中衡量好與劣的標準非常簡單，通常就是學習成績這類標準明確、能夠量化的指標。某人成績第一名，班上有一個推薦研究生的指標就給了他；如果有兩個指標，第二名就有了希望。因此，大家努力有方向，沒有得到結果也不會有什麼怨言。

每一個畢業後進入職場的人，恐怕都想透過努力被提拔，很多人更希望成為團隊的管理人員。但是到了職場上，年輕人一下子發現過去的規則都不適用了，甚至沒有什麼明確的新規則，自己不知道該怎麼努力。今天雖然大部分人都坐在辦公室裡朝九晚五地工作，體力上並不辛苦，但是卻仍感嘆工作不易。除了工作量可能比較飽和之外，更多的是感到心累，在辦公室裡鉤心鬥角、趨勢逐利，對上伺候老闆不易，對下還受到新員工的挑戰，一不留神就可能被新人搶了位置。更有些不幸的人，落入了職場的一些盲點，成為辦公室政治的犧牲品，於己不利，甚至對別人也有害。這裡我要舉出職業發展的四個盲點給有心之士參考，希望能幫助他們盡量避免這些盲點；否則，即使一時運氣好，受到了提拔，將來也難以獨當一面。

在講這四個盲點之前，我先要排除一種情況，就是根本不值得為之工作的公司。這種公司的主管只喜歡會拍馬屁的下屬，只提拔自己的親戚。這樣的公司今天依然存在。我就曾經見過這樣一家知名媒體，某個重要部門的主管是首席執行長的親戚，她如果是靠能力坐上這個位置也就罷了，所謂「內舉不避親」，但是她沒有什麼專業知識，僅僅是因為裙帶關係上位，上位後依然不學無術，卻最愛下屬拍她馬屁，一些會見風使舵的員工為了巴結她甚至替她揉肩捶腿。這個部門的業績年年下滑，偏巧首席執行長只相信自己的人，居然繼續任用她，而整個公司的利潤也和這個部門一樣不斷下滑。我估計用不了多久，這家媒體就會陷入財務危機。我對這家媒體的人說，趕快找出路吧，你們即使巴結她混個一官半職，回頭公司倒閉，覆巢之下亦無完卵。如果把眼光放得長遠一些，年輕人應該遠離這些公司，因為這樣的公司是無藥可救的。因此，這類公司就不討論了。

今天，但凡稍微有點活力、發展還不錯的公司，都不會任由一群馬屁精或者親屬當道。所有公司負責人都會在人前人後講任人唯賢之類的話，大部分人也是這樣做的，因為只有這樣，主管自己的前程才有長期保障。隨著中國企業管理水準不斷提高，雖然經常拍主管馬屁不會有什麼副作用，但是正向的作用其實越來越有限。因此，與其將自己的命運都寄託在拍馬屁上，不如在能力和業績上多花點功夫，成為對老闆和對公司更有用的人。

當然，總會有一些人站出來反駁：「你說得不對，我的專業能力強，對公司貢獻也很大，卻沒有受到提拔；旁邊的小張不如我，卻當上了主管。」其實，主管眼中的「賢」不僅僅是專業能力，而是很多因素的綜合。僅僅專業能力強、貢獻大，有時還不足以被提拔。另外，今天員工的專業水準都比較高，達到升遷要求，甚至勝任主管職的人選可能很多，但是無奈僧多粥少，不可能人人有機會。一個十人的小組，即使經理的位置空出來，每個人也只有十分之一的升遷機會。因此，很多人十年八年當不上經理也很正常，尤其是在穩定的大公司裡。

除了期望過高之外，大部分人無法晉升或者晉升速度很慢，還有一個重要的原因，就是陷入下面這些職業發展的盲點。

盲點一：工作和職業分不清

英語的工作和職業分別是job和profession，含義的區別很大。工作是謀生的手段，公司給我們一份工作，我們完成任務，公司付給我們薪水和獎金。職業是一輩子從事的事業，比如我們當一名醫生，提高自己的醫術，治病救人，成為名醫，這是職業。

一個人要成為公司高級主管，通常需要從基層一步步做起，掌握越來越多的專業知識和業界動態，不斷提升管理能力，最後能夠把自己領域裡的任何一間公司管理得有條不紊，這是職業。如果我們考慮當下的工作是為了一輩子的職業發展，首先就要選擇性地做事情，凡是對將來職業有利的事情，不論是否有報酬，也不管報酬是高是低，都要做。反之，只是能夠提高收入，和職業發展沒有必然關係甚至相互矛盾的事情，則盡可能不做或少做。

對待自己的職業，需要專業的工作態度。所謂的專業，就是一切以達成工作目標為重。所有的溝通、會議、關係的建立、工作分配等，無一不是以此為主要目標。在工作中，很多因素都會導致工作不順利，比如個人能力的局限、溝通不順暢、情緒波動，或者其他原因，這是很多職場上的人感到心累的原因。在這種情況下能否把事情做好，就體現出是否具備專業素質了。專業人士做事情會從職業本身考量，在工作中要少受負面情緒影響，避免採用消極的手段來應付工作。當我們做事變得非常專業時，同事們也只能用同樣的態度和我們互動。這樣即使一些人不喜歡我們，也不得不配合我們做事情。

盲點二：把自己當作公司的過客，而不是主人

今天職場的流動性非常大，很多人平均三、四年就會換工作。剛畢業的人尤其會把前一、兩家公司當跳板，期望有了經驗後找到一家好公司，因此心態上把自己當成過客。

人一旦覺得自己是過客，就會對很多該完成的工作視而不見，也懶得建立和維護與同事的關係。雖然他們想的是利用這個工作做跳板，但是一旦有了過客心態就容易不求上進，對自己最大的害處是既浪費了寶貴的時間，又喪失了鍛煉的機會。至於給其他同事留下了壞印象，那是必然的結果。懷著這種心態的人即使跳槽，也難以被賦予重任。

盲點三：被語言暴力激怒就亂了章法

很多人在職場上都有這樣的體會，總有一些同事，包括上級，沒緣由地責備你、批評你的工作，卻不給出具體的問題和有建設性的建議，更不是真心幫助你。他們的這種行為稱為語言暴

力。

實施語言暴力的人當然不對，但是如果處理不好，受傷害的是你，而不是他們。這種語言暴力最大的危害是，打擊你的自信心，引誘你偏離工作重心。對於語言暴力，無論是罵回去還是百般辯解，都會讓你疲於奔命，從而脫離了工作的重點以及錯失成功的機會。

判斷是善意的批評建議還是語言暴力並不難，前者你採納後明顯對工作有利，後者則是無理取鬧。因此，一旦判斷清楚對方是語言暴力，我們就要不為所動，一方面繼續工作，另一方面要讓施暴者有個交代。

一些人是無意中施加了語言暴力，這時只要明確指出即可，讓他們知道自己做錯了事。而有些玩權術的老手則是故意為之，對他們則要注意防範，不要輕易反擊，而要想辦法化解。等事情過後，要透過正當管道讓他們知道你已經識破了他們的語言暴力，讓他們今後做事有所顧忌。更具體的處理方法我下面還會提到。

盲點四：疏於溝通

很多人因為急於完成某件事，生怕一些相關人士有不同意見，事先不打招呼，就匆匆自己做主，指望生米煮成熟飯後大家乖乖接受。然而，很多時候一些必要的環節最終繞不過去，其他同事知道後，會認為這個人對自己不尊重，缺乏團隊精神，甚至到主管那裡打小報告。

其實，大部分情況，提前打招呼是良好、專業的做事方式。如果合作方有不同意見，可以透過協調和談判解決。只要有利益可以分配，那無非是設法保障各方利益就可以了。更何況很多時候徵求別人意見，對方未必會反對。反之，如果事先不溝通，即使想法和同事一致，一些同事也會故意雞蛋裡挑骨頭，最終要花更多的精力、時間來善後。

怎樣避免陷入這些盲點呢？根據我的工作經驗可以用四個辦法來突破。

突破一：任何時候為人都要謙卑

只有謙卑，才能更有效地溝通。也只有這樣，當別人表達意見時，才能把注意力集中在事情上，從各種角度去理解。但是，並不能因為自己態度謙卑就不發表意見和看法，一個既謙卑又能把事情分析得入木三分的人，最讓人欽佩。

突破二：用正確的方法對待語言暴力和其他刻意傷害

這裡我建議三個步驟。

首先，反省一下自己，是否因為自己的過失惹怒了別人，或者是自己把情況想歪了、把別人想壞了，別人的言語其實並沒有惡意。

其次，確認不是自己的問題，而是對方不公平地對待我們之後，要把周圍的同事分為三種人：第一種是和這件事情無關的，不要讓他們捲入糾紛，通常這些人占大多數；第二種是會站在我們這一邊的，這些人自然不需要擔心；第三種是對我們施暴的人，他們是要認真對待的。

最後，搞清楚第三種人即施暴者這麼做的目的。其中一些人可能只是為了自己的利益，我們要先和他們溝通，達成諒解和妥協。對於那些真正想和我們作對的人，依然要和他們主動溝通，但是溝通的目的可能不完全是為了達成共識，更重要的是發出自己的聲音，讓對方知道我們的看法，也知道他們自己的問題。美國人在這方面比較主動，該說就說，中國人比較隱忍。但是，我們的大度應該表現在指出施暴者錯誤後的寬容，而不是面對問題沒有原則。發明電話的貝爾曾經和格雷（Elisha Gray）就誰應該獲得電話的專利打了十多年的官司，最後貝爾獲勝（他提早幾個小時遞交了專利申請）。之後，貝爾為了顯示自己的大度，表示對方可以免費使用這個專利，但是在誰發明了電話這個問題上，貝爾並沒有讓步。

職場上，我們需要有貝爾這樣的主動性，在溝通中保持對別人的尊重，但是態度要堅決明確。我們經常說邪不勝正，但實際上如果沒有行動，正義是不會實現的。上帝喜歡主動的人。即使上帝想幫助我們，我們也要透過行動得到幫助。一個人要堅守自己的正確立場，不帶個人成見，聚焦在事情本身來解決問題，同時凸顯出大度和境界，這樣不僅能帶動團隊整體健康發展，也會自然而然成為團隊的支柱。

突破三：大方向永遠要明確

工作不是為了公司或者他人，而是為了自己的職業發展這個既定的大方向。

任何想晉升的人都不應該被動地工作，一個口令一個動作。想成為領導者，要腳踏實地去學習做一個主管，走出自己的舒適圈，主動多做事情，多跟人打交道，去幫助他人，支持自己的老闆和團隊。並隨時隨地思考，當我們離開這個團隊時留下了什麼。

突破四：注重長期效益

把一件事拉長到兩、三年後來看待，這時我們對它的態度就會有所不同。

就像一開始提到的那種任人唯親、馬屁精橫行的公司，如果我們不幸身處那種公司怎麼辦？如果你覺得這段經歷對你將來有用，不妨抱著學習的心態做兩年，即使有些委屈也認了。不過要注意的是，即使在這樣的公司，也不要有過客的心態。但如果你覺得它已經無助於你進步，那這種公司再有光環，也不如趁早離開。孔子說，「危邦不入，亂邦不居」，就是這個道理。

基層員工要抬起頭，管理者要彎下腰

上一篇說過，在職場中要注意與人交往的技巧，那些是針對做人而言。如果想獲得升遷，或者逐漸承擔更重要的職責，還需要在做事情上脫穎而出。今天很多工作都需要由專業員工來完成，這些人英語稱為professional，包括醫生、律師、工程師、會計師等有特殊技能的人，也就是有手藝的人。他們做事情的專業水準當然是區分好與壞的標準之一，不過除此之外，這些人如果想往上走，自身還需要在其他能力上比周圍人突出。

在說明相關能力之前，先請大家看一幅畫（見下圖）。

接下來我要問大家，你們看到了什麼？如果你看到了一些方格，那麼顯然是只見樹木不見森林。如果你看到一個裸體的女人，怎麼說呢？這並沒有錯，但是你誤解了畫家主要的意思。當然，對藝術了解多一些的讀者會說，這不是二十世紀超現實主義大師達利畫的《林肯》嗎？沒錯，就是那幅名畫。如果你還沒

達利的《林肯》

有看出來，不妨往後站一點就看清楚了。如果對比林肯著名的側身肖像（見下圖），也就是達利這幅畫的原型，就能看得更清楚了。這幅畫的有趣之處在於，如果放大或是眼睛貼近看，反而只能看到一個個色塊。事實上，很多專業員工在進步過程中容易犯同樣的毛病，對事物貼得太近，只看到色塊，而忽略了整幅畫。

前陣子在一次讀者交流會上，我發現不少年輕的職員存在上述問題。一個網路影視領域的資深工程師問了我一個職業發展的問題，為了了解他的情況和評估他的工作水準，我先問了他幾個問題。

林肯側身肖像

我問：「一段三十分鐘的影片（節目），在你們公司的網站上被觀看一次大概能賺多少廣告費？」

對方答道：「我是工程師，賺多少錢我沒有想過，不知道。」

我見對方無法回答，又問：「那你們公司產品（影片）的廣告點擊率是多少？」

對方回答說：「這個和具體的內容頻道有關，也和使用者群有關，和插片的製作也有關。」

這位工程師在短短一分鐘的問答中暴露出很多問題，或者說弱點。

了解自己生產產品的獲利狀況

首先，做為開發產品（影片）的工程師，即使老闆沒有要求他了解變現和廣告的情況，身為這個行業的從業者，在這方面的基本知識也必須要有。我之前問過新浪前總裁許良傑，他不假思索地就能回答出在新浪一段三十分鐘的影片被觀看一次能賺多少錢。

當然，可能有人會說，他是老闆嘛，這個我當然知道，可問題是一個從業者連所做產品的基本收入情況都不去了解，就永遠沒有機會成為老闆。退一步說，如果一個開發人員不清楚自己所做的產品盈利能力如何，是非常危險的。因為一旦這個產品不能盈利，他馬上會面臨三個後果：

◎這個產品被砍掉，這個人被安排做其他工作。

◎這個產品被砍掉，這個人失業了。

◎老闆很仁慈，一直維持著這個虧損的產品，但是公司會因為虧損而倒閉，大家還是失業了。

不管什麼情況，都不是好結局。那位資深工程師所在的公司其實就面臨第三種情況，他們的產品是公司唯一的產品，卻又不能很好地盈利，而做為工程師，他們只關心自己技術的提升，而不去考慮這份差事還能做多久。很多人被調離崗位或者被裁掉時哀嘆，但實際上早就有跡象了，只是他們渾然不覺而已。

掌握他人提問目的，提供有用資訊

問答中所暴露出的另一個問題是不知道怎樣回答問題，或者表達和溝通能力有欠缺。對於我隨後問的具體的技術問題，他不僅沒有說出答案，還提供了一堆把事情搞得更複雜的資訊。對方知道我曾經在大公司負責線上廣告業務，很清楚各種影響廣告效果的因素，卻花時間把那些因素重複一遍給我聽，這完全是浪費時間、毫無意義，而且他其實沒有回答我的問題。

最有效的溝通是在第一時間直接給出答案，然後補充解釋。如果這位工程師無法給出整體的回答，至少也應該具體回答自己所說的每一種具體情況，而不是講了一堆廢話。後來，我不得不進一步向他追問細節，他才在提示下像擠牙膏那樣，一點點地擠出答案。

做為一個工程師，能夠關注到很多細節當然好，比如他提到影響廣告收入的那些變數就是細節。但是，關注細節必須以把握全局為前提。這位工程師一開始無法回答我關於廣告點擊率的問題，是因為他覺得不同條件下點擊率不同。其實他們公司所開發的產品，點擊率最壞的情況是百分之〇．五～一，最好的情況也不超過百分之二。既然差距其實不大，動態範圍沒有超出一個數量級，他直接回答百分之〇．五～二即可。事實上，那天我問這個問題時並不想知道準確的細節，只想了解一個大概範圍而已。因此，他簡單地回答百分之一左右，也是不錯的答案。

善於溝通的人會理解對方提問的目的，然後提供有用的資訊，而不是按照自己的意思解釋字面上的問題。我曾經問過愛奇藝創始人龔宇類似的問題，讓他估算某位網紅一期影視節目的收入，雖然其中有好多變數我們不知道，他也沒有見過那位網紅，但是他能馬上告訴我一個比較準確的範圍，這樣大家就能知道一件事情是不是值得在愛奇藝或者類似的網站上做。這就是管理者和被管理者在掌握大局上的區別。

關注細節，也要掌握全局

當然有人會想，工程師是不是都比較死板啊，除了自己專業範疇內的東西其他都不知道。其實，上述問題在各種職業的從業人員中都存在。比如，我問過某公司裡一位資深律師：「最近在國內，專利從申請到批准的時間是多長？」

她回答：「我們主要負責專利書寫和申請，審批的速度不是很清楚，這要看情況，有的很快就批准了，有的要修改、補充資料，就會拖很長時間。」

這個回答的問題在哪裡呢？它是沒有信息的廢話！我當然知道專利律師的工作是書寫和申請專利，不是專利局的審批人員；也知道不同專利獲得批准的時間不一樣，有些專利因為複雜，寫得又不夠好，當然要修改，會拖相對比較長的時間。我又進一步問道：「大約有多少比例的專利能在兩年內獲得批准？平均是多長時間？最長是多長，是否屬於個案？」

我得到的回答是：「不知道，我只負責一部分專利的申請，這些資料可能要找專利局的人了解。」

我當然知道專利局會有統計資料，但是身為執業多年的專利律師，對這種基本資料是應該了解的。當然，她不了解這些資料不能說她專業能力不好，不過我認為，至少她根據自己多年的從業經驗，以及自己公司過去申請專利的情況，總該大致有點概念。於是，我順著她的話追問：「不用管專利局那邊的資料，就妳公司過去的經驗，哪怕只有妳負責的案子，整體情況是如何呢？」這位律師頗有歉意地說：「哎呀，我還真沒統計過。」雖然這位女士不是主管，但是做為一個專業能力還不錯的專利律師，對整個公司的業務情況有個大致的了解是分內之事。即使做為文科生對數字可能不太敏感，對自己工作的總體情況也應該了解得一清二楚才對。

我還接觸過不少其他專業人士，很多表現都是如此。我想，如果你是老闆，也未必會提拔這樣的人當主管，負責一個部門。這些人的通病在於只盯著自己眼前畫的那個色塊，不願意往後退兩步看看整幅圖畫。有些時候自己覺得顏色塗得很好，但是如果能退後一步看看全局，就知道自己的想法、做法並沒有從整體優化來考慮。這也就是很多人覺得自己專業水準很高，工作也努力，卻一直得不到提拔的原因，因為缺乏大局觀。

挑重點清楚說明，有效說服他人

不僅員工缺乏溝通能力，很多管理者也是如此。他們的問題可能不是出在回答問題，而是在於清楚說明一件事情，說服別人相信自己的想法。小團隊的管理者在這個方面的問題上更加明顯。

我每週都要見四、五個創業公司的創始人，大部分人在介紹自己的項目時都存在這樣的問題：為了強調他們所做的事情很重要，會先花較長時間做背景介紹，最後自己要做的事情反而沒有時間講清楚。某個週末，我在上海和一些投資人聽了十二個項目的路演，每個項目規定介紹八分鐘。前九個創始人無一例外地花了五、六分鐘介紹背景，然後匆匆介紹一下自己要做的事情，八分鐘就過去了，下面的評委都搞不清楚他們要做的事情、優勢所在，以及特點等，然後評委們只能耐著性子一點點問，最後才知道「原來是這麼回事」。因此，到了第十個項目，主講人還要介紹背景，我馬上打斷他，讓他簡單地告訴我們要解決什麼問題、他們是怎麼做的。

講不清楚想法有兩個原因：一個是自己腦子不清不楚，另一個是生怕自己把事情說得太小，別人不重視。腦子不清楚的人在面對眾人講話之前必須多加練習，這涉及演講的準備工作，不屬於這一篇要談的內容。而為了讓對方重視而誇大其詞，這種做法往往適得其反。一個管理者如果以這種方式和員工溝通，員工未必會相信；和上級溝通，更容易被看穿。我在谷歌和騰訊時，也發現一些中階主管有這種毛病，為了誇大自己的工作，把一些無關的事情也拿出來講，反而將自己真正貢獻比較大的工作淹沒在泛泛之談中。

當然很多人覺得，我先糊弄一陣子，得到肯定或者拿到資源再說。其實，這種一錘子買賣即使能夠糊弄一次，對職業發展也毫無幫助。一件事情的重要性如果是十，可能已經很重要了，但是硬吹成一百，又被發現只有十，大家對它的評價可能只剩下一。同樣的道理，如果做出了十分的成績，可能主管已經滿意了，但一定要吹成一百分，被識破之後，主管給予的恐怕也只剩下一分。有時候他們對一些人的誇誇其談不吭聲，不等於他們不清楚實際情況。

了解細節才能帶領團隊、提高效率

很多管理者在職場中的第二個問題是不了解細節，這和前面講的很多專業人士缺乏大局觀相對應。「原子彈之父」歐本海默（Julius Robert Oppenheimer）在負責曼哈頓計畫時，有無數大科學家包括很多諾貝爾獎得主為他工作，他們一致認為歐本海默是最好的老闆，其中一個原因是他了解幾乎每一個細節，即便他沒有親自動手。傑克．威爾許（Jack Welch）[23]也公認是歷史上最好的首席執行長之一，他也具有這個特點。很多管理者則不然，我問他們一句話，他們能回答；再問第二句話，就不知道了；問多了就要找手下的人來回答。遇到這種情況，我有時會半開玩笑地問他們，如果是這樣，你怎麼知道手下的人告訴你的是真的呢？

某個大公司的高級主管前一陣子來找我，想請我介紹一批從事大數據開發的員工，他說他們的事情已經多得做不完了。我問了問他手下人員的數量和情況，很奇怪就一點點事情卻有那麼多的人在做，怎麼可能花了那麼長時間還搞不定？他說，負責該專案的總監對工作量做了估算，人手確實不夠用，而且他看員工也真的很忙。我說，你這個總監有問題，你們要做的這些事情百分之九十五都有開源軟體，哪裡需要自己建一個開發團隊。那個總監手下的人從二十名增加到五十名，他自然有好處，但是對公司可沒有好處，這位高級主管表示回去問問那個總監。

在大公司裡，一個總監為了自己升遷，擴張團隊，把小事做大，是公開的祕密；一個行政單

23 一九六〇年加入奇異公司（GE），一九八一～二〇〇一年擔任該公司董事長兼首席執行長，是奇異公司歷史上最年輕的董事長。在任期間，奇異公司的市值從一百三十億美元增加到超過四千億美元，高居世界第一。

位更是如此。很多公司效率低，和手下的人搞出一堆不需要做的事情有關，而這個責任要歸咎於主管。做為主管，如果不了解細節，整個部門就不可能有高效率。根據我的經驗，一個有效的管理者，如果做到了第五級（基層員工是第一級），就需要了解第三級的工作；做到了第六級，就需要了解第四級的工作。

做為領導者，如果只從空中俯瞰森林，只能看到一片綠。只有走進森林，才會發現森林裡除了綠色的樹葉，還有很多東西。

如果要用一句話概括本篇的內容，那就是基層員工要抬起頭，而管理者要彎下腰。

職業中的帝道、王道與霸道

雖然我用了「帝道、王道與霸道」這個題目，但不是要談帝王術，只是用它們來說明如何突破職業天花板。關於職業天花板的問題，也是《矽谷來信》的讀者們問得最多的問題，因為很多人在職涯發展到一定階段後，就再難升遷和發展，也就是所謂的遇到了職業天花板。

一個人能夠走多遠和很多因素有關，其中一些不是自己能夠控制的，比如出生和成長的環境、運氣，以及社會的經濟環境等。不過還有一些是自身可以控制的因素，而我們能做的只有在可控的方面多下點功夫而已。而這就攸關個人的立意，目標設置錯了，結果肯定好不到哪裡去。

為了說明立意的重要性，我先來講一個大家比較熟悉的故事。

商鞅三次遊說秦孝公

商鞅大家都不陌生，不知為何最近他又紅了起來，關於他的影視節目、紀錄片、自媒體脫口秀和文章特別多。過去大家談論商鞅，都是把他視為偉大的改革家，但近年來再說起他，似乎都是對他急功近利的改革進行反思。不過，急功近利並非商鞅的本意，而是秦孝公的選擇。讓我們還原一下商鞅遊說秦孝公的過程，然後再看看錯誤的立意給秦國帶來的悲劇，並且思考一下今天該如何借鑑。

商鞅一共遊說秦孝公三次，《史記》中描述：

商鞅西入秦後，透過孝公的寵臣景監見到了孝公。第一次商鞅講堯舜禹湯的帝道，講了半天，秦孝公聽得睡著了。會面結束之後，孝公向景監發火，說你推薦的是什麼人啊，太自大，並要景監請商鞅離開。商鞅聽到景監的回饋後不氣餒，請景監再給他一次機會，於是五天後景監又為他安排了第二次見面。這一次商鞅講（周）文王、武王的王道，秦孝公有了點興趣，說這個人可以再一起聊聊天，但是依然沒有打算起用商鞅。

景監把孝公的意思回覆給商鞅後，商鞅說：「我已經知道該怎麼遊說他了，請再給我一次機會。」第三次，商鞅以霸道遊說孝公，和孝公聊了五霸之事，孝公聽得津津有味，不知不覺中身子不斷向前傾，差點跌倒。在這之後，孝公又一連幾天請教商鞅，並最終決定任用商鞅來實施變法。

景監知道後，就問商鞅：「既然你知道大王的心思是富國強兵，稱霸諸侯，為什麼前兩次還要和他談帝道、王道？」商鞅說：「我是怕如果他真是一個有大志向的人，我一開始就說那些低層次的事情，把他看低了。」

後面的故事大家都知道了，商鞅為秦國制定了著重功利的法律，以這些法律做為政治和軍事工具，在短期內功效顯著。但是商鞅清楚它的負面後果，商鞅說：「這樣一來（急功近利），國運終究不可能超過商朝和周朝。」最後的結果也不出商鞅預料，暴秦在統一中國二十年後就滅亡了，更可悲的是，孝公的宗室也遭滅族。如果孝公知道他的子孫會得到這樣的結果，不知道是否會後悔選擇了以霸道治國。

追求短期速效，不過是霸道而已

秦孝公和後來的君主們一開始的立意就有問題，商鞅三次遊說分別用了帝道、王道和霸道。顯然，秦孝公對它們的態度截然不同，最後採用了一種速效卻危險的策略，最終讓秦國走到了死路。今天，有秦孝公這樣想法的人依然占社會上大多數，追求速效的霸道，而不是長遠的王道和帝道。

很多人會說，任何國家在崛起時都是要富國強兵，那時候談帝道和王道不是好高騖遠嗎？但是，世界上還是有立意超過秦孝公這些君主的人，比如拿破崙。拿破崙一生花最多精力、最引以為豪的是他的《拿破崙法典》，而不是哪一場戰役的勝利。

雖然拿破崙給人的印象是傑出的軍事家，但是卻精通法律，並且知道法的重要性，因此任命了起草法蘭西法典的委員會，並親自參與法典制定。參議院一共召開了一〇二次憲法討論會，拿破崙親自擔任委員會主席並參加了其中九十七次會議，且逐條審議法典。在討論會議上他常常引經據典、滔滔不絕，讓那些著名的法學家驚訝不已。法典最後經立法院通過，正式公布實施。

雖然拿破崙在軍事上的勝利於一八一二年結束了，但是整個十九世紀，歐洲依然是在拿破崙的影響下度過。拿破崙總結自己一生的成就，最為自豪的就是這部法典。他在臨終前，不無感概地說道：「我一生四十次戰爭勝利的光榮，被滑鐵盧一役就抹去了，但我有一件功績是永垂不朽的，那就是我的法典。」拿破崙的成就在於，他一開始就把立意定在「確立資本主義的現代國家」上，而不只是軍功和征服，或者說他追求的是帝道而不是霸道。

講完歷史，回到現代。秦孝公想用短期的方法達到長期的目標，這是不可能的。在生活中，很多人也同樣問我如何用短期的方法達成長期的目標，比如學什麼專科可以賺大錢、如何快速獲得成功等，我很難回答。實際上，沒有人能夠給出太好的答案，因為但凡能夠比較長期穩定賺錢的行業，一開始的投入都是比較大的，並不存在不需要投入就能獲得高報酬的行業，若是有，這個行業也會變得太擁擠，一段時間後報酬肯定會急劇下降。

多年前外貿產業很吃香，於是很多高中畢業生湧入這個科系，但等到他們畢業時，這個產業的好位置已經被人占滿，留給新人的不過是一些無關緊要的差事。同樣的，這兩年金融數學產業很熱門，因此一些人認為只要花兩年時間學習這個技能，就能進入大投資銀行得到一份體面的工作。哥倫比亞大學這幾年百分之九十以上的碩士生都是來自中國大陸的留學生，但是大量的畢業生湧入這個產業後，在投資銀行裡找份差事都難，更不用說賺大錢了。這些人所追求的，只能算是低層次的「術」，甚至連霸道都稱不上。

廣泛學習知識，成為「有後勁」的人

每一個喜歡閱讀的人或者經常參加講座學習的人，我想都是希望以此獲得一些智慧，讓自己或者孩子能夠在社會階層上提升。有道是，求其上者得其中，求其中者得其下。一個人如果追求的層次本身就在中下，是不可能靠運氣不斷進步的。中國過去發展較快，大家晉升的機會較多，但是隨著中國步入中等收入國家之後，每個產業中好的位置基本上都被人占滿了，升遷的機會越來越少。我之前說過，在歐、美、日等已發展國家和地區，一個大學生從畢業到退休，基本上平均只能獲得兩次升遷的機會，因此才有了職業天花板之說。當然，也有少數人能從最底層一路升到最高層，比如奇異公司的總裁傑克．威爾許。

該怎麼辦呢？我覺得解決辦法就是自我的通識教育。我們常常把那些能夠在職場上不斷升遷的人稱為「有後勁」。那麼有後勁的人和那些很快在職場上遇到天花板的人相比有什麼不同呢？一個非常重要的差別在於，有後勁的人有更寬廣的視野，而這種視野往往來自良好的博雅教育。在美國，初入職場就收入比較高的是那些工科學院的畢業生，而像哈佛大學或者普林斯頓大學這樣一流名校的畢業生剛開始工作的時候，收入相對要少很多。因為他們接受的人文教育、博雅教育不算是工作技能。但是，如果再看看十年後的收入就會發現，名校畢業的那些具有良好人文教育背景的人後來居上，而且社會地位提升更快，也就是說，他們更容易突破天花板。其實，這些人在大學裡追求的是類似於帝道和王道的大道。相反的，那些學習了一門專業技術的人，不過是掌握了一些霸道而已。

每次我一說到通識教育、博雅教育，很多人就說中國沒有這種教育，然後表示出遺憾和嚮往。事實上，那些人只是葉公好龍而已，因為在行動上他們拒絕關注自己領域之外的知識，認為那是浪費時間，時間一長，格局就太小了。如果不能廣泛學習知識，只盯著自己的領域，即使做到了一萬小時的精進，能得到兩次晉升也就很不錯了。

人必須掌握一些專業之外的知識，只有這樣，眼界才可以開闊，才能更好地和他人合作，才能調動更多的資源。畢竟現今早已不是一個人可以關起門來搞定所有事情的時代了。

至於我們在大學應該有什麼樣的立意，這是年輕學生和家長應該思考的問題。當然，我們也應該清楚什麼樣的立意才算是高。

職場完美進階：常識、科技和藝術

所有智者都強調常識的重要性。比如巴菲特在他的公司波克夏「致股東的信」中就多次強調這個觀點，呼籲大家不要聽信所謂專家或者專業投資人的建議，而必須懂得一些常識。牛頓在他的《自然哲學的數學原理》（*Philosophiæ Naturalis Principia Mathematica*）一書中，敘述了認識世界的四條法則，其中第一條就是常識性原則，即「除了那些真實的、已經足夠說明其現象（的解釋）之外，不必尋找自然界事物的其他原因」。真正的大科學家總是謙遜的，他們一方面希望民眾有科學的頭腦，另一方面不斷強調自己的局限，認為自己發現的無非是自然界原本就存在的規律而已。只有那些靠政府經費餬口混日子的研究人員，才誇大自己技術的重要性，並且把簡單的問題講得很複雜。因此，衡量一個專家能力最可靠的方法，就是看他們是將複雜的問題簡單化，讓每個人都能理解，還是故作高深，將簡單的問題複雜化。

科學和技術本身是好東西，只是現在很多人把原本不難理解的道理冠以科學的名義，搞得很難理解。工業革命之後，人類發展突然加速，在很大程度上是靠科學和技術的進步，以及在發展科技的過程中總結出來的一套有效、可複製的方法。當然，我們常常發現，科學解決不了所有問題，技術也不是萬能。今天，很多事情要做到極致，最後靠的是藝術，而不僅是技術。那麼，常識、科技或藝術三者之間的關係是什麼呢？何時需要用常識，何時又需要用技術或者藝術呢？

第一階：從學習與經驗累積常識

簡單來說，任何事情從〇分做到五十分靠的就是常識，沒有常識做為基礎，談論科學和技術都是虛妄。就如同沒有人能夠不打地基，不蓋第一層，就直接蓋第二、第三層樓房一樣。

什麼是常識？常識是生活中的知識，有些是經過千百年驗證的經驗。比如，太陽從東方升起，就是常識，否認了這一條，天文地理就無法談論。當然，每個人由於經驗不同，學到的知識不同，所擁有的常識也不同。比如不可能造出永動機，這對今天學過高中物理的人來說都是常識，但是對於文藝復興時期的科學家來說，卻是未知的道理。對於醫生來說，很多關於疾病的知識是常識，但是一般人卻不知道。而愛因斯坦則說，「真理就是在經驗面前站得住腳的東西」，從經驗中得到結論並且不斷驗證，時間一長，就被人們看成是真理了。而這種真理被大多數人認識之後，就成了常識。因此，常識和知識、真理並非相互矛盾。

當一個新的認知（理論）和常識相違背時，有兩種可能性。較大的可能性是新的認知錯了。比如，你讀到一篇報導，信誓旦旦地說某個「科學家」成功地把水變成汽油，即使那篇報導寫得再有說服力，你也應該知道要嘛是記者不懂，被人騙了，要嘛是別有用心之人在混淆視聽，因為這和我們的常識相違背。當然，還有較小的一種可能性，就是我們的常識錯了。比如，古代人以為重的物體比輕的物體先落地，但是伽利略卻證明這個常識是錯誤的。在證明常識出錯的同時，科學也就更進一步了。當然，我還是要說，當我們有了違背常識的發現時，不要急於否定常識，因為我們出錯的機率比有重大發現的機率要高很多，這時候要仔細驗證，甚至請別人幫忙驗證。一個合格的科學工作者，在得到與既定認知不同的發現時，首先會檢查自己有沒有做得不夠精確的地方，而不是否定前人的結論，製造新聞。

在自然科學中，如果出現違背過去常識或者認知的發現，是真是假相對容易驗證。因此，如果有人用違背常識的理論去糊弄人，很容易被學者們戳穿。比如，有人告訴你用手摸電門其實不會有事，你不會去試。但是其他學科中違背常識的歪理就沒那麼容易揭穿了。比如，我們雖然知道任何一種金融遊戲，無非是把錢從一部分人的口袋裡掏出來，放到另一部分人的口袋裡，不可能產生財富，財富最終要靠創造才能獲得，這是常識。但是很多人依然相信透過玩金融遊戲可以讓大家都變得富裕。在錢的驅使下，這些缺乏常識的理論不僅非常有市場，而且總有人樂此不疲地嘗試錯誤。

第二階：掌握最新技術

如果我們做事情想從五十分的水準提高到九十分，僅靠常識或者常識性的知識就不夠了，需要靠先進的科學和技術。如果兩個人同時做一件事，一個人完全靠經驗，另一個人掌握了先進的技術，在其他條件相同的情況下，後者一定能做得比前者好，而且好很多。正是因為大家都懂得這個道理，才願意花時間研究科學，開發新的技術。當然，今天新的科學知識可能明天就變成了常識，因此人類總是不斷往前探索，進而促成了人類的進步。

科學和技術的一個特點是具有可重複性。在同樣的條件下，今天加熱到攝氏一百度水會沸騰，明天再做一遍還是這個結果。在工廠裡，嚴格遵守同一個流程，今天生產出的產品品質和昨天生產出來的就會一致。在餐館裡，嚴格按照同一道食譜做出來的菜，今天的和昨天的味道應該差不多。這就是技術的優點。在早期不講究科學和技術的年代，大家做出來的東西總是五花八門、好壞不一；有了技術以後，就能保證做事情可以得到預想的結果。

但是，技術並不是萬能的。任何事情做到九十分後，單純靠技術有時就不能再提高了，因為越往上技術的差距越小，那一點點差別可能不足以導致結果大幅改進。在技術之外，總還有很多不可控制的因素，能否把握好這些因素，把一件事情做得盡善盡美，則是靠藝術了。

第三階：以技術為基礎追求藝術

蘋果手機的技術指標其實遠比同價格的華為手機低很多，但很多人還是喜歡蘋果手機，因為在性能夠用的情況下，技術上的差別已經無法左右人們的選擇，而蘋果手機在技術和藝術的結合做得比較好，因此是最後這點藝術成分發揮了作用。至於如何把手機設計得好看，用戶使用又比較流暢，且在製作工藝上做到精緻，這是一門藝術。當然，我這裡說的藝術是廣義的概念，你可以理解成各種手藝的代名詞，不僅藝術家有藝術，工業設計者、工程師也有，甚至每一個人都可以有。比如，病人的化驗結果交到兩個不同醫生的手裡，他們給的結論可能不同，有的醫生判斷得準確，有的就差很多。這些醫生所學相同，使用的技術也相同，他們之間的差異其實已經屬於藝術的範疇。中國人迷信老醫生，其實就是因為不少老醫生掌握了用技術無法解釋的醫學藝術。

沒有技術，光有藝術是否能做到一百分？通常是不可能，當然你能找到少數例外也未可知。像法拉利和藍寶堅尼這樣極致的跑車，是手工打造模具、手工裝配、手工調製引擎、手工縫製內飾。它們比一般的豪華跑車，比如保時捷的九一一系列或者賓士的SL系列，其實就精細那麼一點點。最後這一點點，不是靠技術完成的，而是靠藝術。但是無論法拉利還是藍寶堅尼都是以技術做為基礎，沒有技術，讓一個三流汽車廠手工打造一輛汽車，性能照樣不佳，也就不可能賣出高價了。

技術的另一個特點是，幾乎每個人遵循一定的步驟都能學習和掌握，但是藝術則要靠天賦。在各行各業（比如醫生、律師、工程師、藝術家）做得最好的百分之五的人都是興趣使然，他們除了有非常大的動力去掌握技術，還在他們的領域擁有相當高的天賦，因而將事情做得盡善盡美。做到前百分之五~二十的人，通常是利益驅動，他們有動力掌握技能，但或許是由於在這個領域缺乏天分，或許是沒有動力從技術邁向藝術，最終也會遇到瓶頸或者天花板。

無論做人做事，努力都能達到九十分

不僅把事情做好需要藝術，為人處世也離不開藝術。在中國，成功學的書賣得很好，但是大部分人在讀了以後都說沒什麼用，無論是專家寫的，還是成功者根據自己的經歷寫的。如果我們觀察一下周圍的人，也確實很少有人靠讀成功學的書獲得成功。

成功學的書都寫了什麼內容呢？很多講的是職場上的常識，這些常識其實挺有用的，只是依靠常識只能做到五十分，離成功還太遠。此外，還有一些成功學的書所講的內容和常識相違背。比如，很多書教人如何在職場上對付老闆，試想一下，只要稍微聰明一點的老闆，都能看穿下屬這種把戲。任何老闆都喜歡看似比自己傻的下屬，而不是和自己耍心眼的人。因此這種違背常識的成功學理論，對讀者不僅無益，反而有害。

真正想在職場上處理好各種關係，首先需要一些基本常識，這些常識在走出學校時就應該具備。其次，每個專業人士都需要掌握所在行業的基本技術，這些技術無論是在新人培訓期，還是往後的領導力培訓時都會教。沒有常識的人，常常被認為情商不足；沒有掌握和人相處技術的人，常常被看作經驗不足、太嫩或者做事情不專業。有些公司非常注重對人的培養，其實就是將那些可以不斷重複、屬於技術範疇的做事和管理方法教給大家，而有些公司光是用人、不培養人，導致員工缺乏技術層面的方法，做事情總是隨興做。時間一長，兩方的水準能力就拉開了距離，簡單地說，就是五十分和九十分的差距。如果解決了常識的問題、技術的問題，絕大部分人在職場的表現可以做到九十分，即使沒有和人相處的藝術（做事情時特殊的、難以言傳的技巧），也不會遇到什麼麻煩。但是，做好最後的百分之十，在職場上處理好各種關係，遇到未知的問題總能找到好的解決方法，又屬於藝術的範疇了。那些藝術有些人悟性好能掌握，固然可喜；有些人努力了很長時間都無法掌握，也不必太在意。畢竟我們做事情要盡人事、聽天命。

最後，總結這一篇的內容：凡事做到五十分靠常識，從五十分做到九十分靠技術，從九十分做到一百分靠藝術。每一個階段都不能跳過，透過努力人人都能達到九十分，至於是否能做得更好，就因人而異，可遇不可求，所以不必有負擔。

第七章　商業的本質

世界上每過一段時間，就會誕生出一些新的商業概念，最後大家發現炒完概念後什麼都不剩。其實，不論概念如何炒，商業的本質上千年都沒有什麼改變。

商業的本質是讓人多花錢而不是省錢

網購節省了我們大量的時間，也提供了越來越便宜的商品，如此多出來的時間和金錢我們應該拿來做什麼呢？把時間用來學習提升自己？把錢存起來投資？很多人都會這麼想，但是大多數人並沒有這麼做，事實上也做不到。他們又把錢花掉，把多餘的時間拿來享樂，甚至有人把錢和時間都浪費掉了。不信你看看那些在淘寶上買了一堆沒用的便宜貨，或者不到半小時就要在手機上洗版的人，便是如此。這倒不是那個人有沒有志向的問題，而是人性使然。對於人性，清末名臣曾國藩有深刻理解。

曾國藩的幕僚趙烈文，以日記的形式記載了這位被譽為道德楷模的理學名家的一件趣聞。曾國藩在湘軍收復南京之後，帶著他的幕僚和下屬視察被戰火蹂躪、曾經煙柳繁華的十里秦淮。讓趙烈文等人吃驚的是，在整個南京城百廢待興之際，被稱為衛道人士、在人們想像中應該遠離煙花之地的曾文正公，居然下令恢復秦淮河燈船，在秦淮河兩岸興建酒肆、茶館等各類商鋪，並且把這件事交給了最得力的幕僚趙烈文來辦。趙烈文等人問起原因，曾國藩說，世上真正能像他們這樣成就一番事業、謀得不世功名的人畢竟是少數，大部分人都是販夫走卒，忙忙碌碌終其一生，能修繕一個娛樂的地方，為這些人帶來一些歡樂，不失為一件善事。

從線上回到線下，創造無限商機

人在滿足了衣食住行等基本需求後，往往會追求娛樂和享受，而且隨著經濟水準提升，這種需求會越來越強烈。科技發達可以讓我們不需要再去現場就能有身臨其境之感，但當我們有了錢和閒暇之後，卻會做相反的事，從線上重新回到線下，從虛擬世界回到現實世界。不妨看一看這兩種趨勢對生活所產生的影響。

在馬可．波羅或者徐霞客的時代，人必須身臨其境，才能感受世界各地大自然的景觀和不同文明的傑作。有了攝影和錄影技術之後，人們可以坐在家裡看到南極的景觀。三十年前，每到年底，街上各種小店都在賣掛曆，上面的圖片除了美人頭像，就是各地風景。那個時代，介紹世界各地的電視節目也非常多。在大家沒有閒錢旅遊的年代，看看圖片和電視，一飽眼福也是一種滿足。但是今天，大家更習慣在節假日出門旅遊，看看真實的風景。

在電影問世之前，人們只能在現場享受戲曲和舞臺藝術。隨著技術發達，出現大眾娛樂業後，人們可以在萬里之遙看到當今世上一流藝術家的表演。當然，這樣價格更低廉，也更節省時間。十幾年前，大眾普遍透過買錄音帶、CD或者下載來聽音樂。但是到了今天，當人們有了閒錢後，反而願意花時間、花錢去現場聽音樂會。過去大家在網上看免費的低品質（盜版）電影，今天很多中國人開始走進電影院（或者說重新走進電影院），去看視聽效果俱佳的大螢幕電影。

在有電視實況轉播之前，大家都得到現場觀看體育比賽。有了實況轉播後，在家裡打開電視機看比賽顯得方便許多，當然也便宜許多。從二十年前開始，中國購買歐洲足球聯賽和NBA的轉播權，大家可以在家看到世界一流的比賽。但是今天，一些經濟條件較好的球迷，會出國去現場看歐洲盃或者NBA。

這樣從線下到線上，再從線上到線下的例子還有非常多，這種趨勢其實是經濟和社會得到充分發展之後的必然結果。只是今天大部分人把關注焦點都放在了將線下的、實體的活動搬到線上去，而忽視了經濟發展之後另一種相反的趨勢，而恰好是後面這種被忽視的趨勢產生了更大的商業機會。為什麼這麼說？原因其實很簡單。第一個趨勢，從線下到線上、從實體到虛擬，實際上是為了省時間、省錢。既然是省時間、省錢，最終賺錢的路就會越走越窄。今天一談到高科技就會說網路企業，其實截至二〇一六年，全世界網路企業的營業額（不包括蘋果和華為這樣的手機生產廠商的硬體銷售收入）才三千八百億美元，而傳統的電信產業卻有三萬五千億美元，可見線上的規模並不大。今天很多初創公司希望透過免費甚至倒貼錢的做法加入網路行業，其實絕大部分都不是明智之舉。相反的，第二個趨勢，即從線上回到線下，則是為了花時間、花錢，當然路就會越走越寬。

這並不是我一個人的研究所得，而是很多已開發國家的經濟學家和企業家觀察到的結果。把這種思想總結，並且成功地加以實施的人，則是日本企業家增田宗昭。這個名字對大部分人來說或許有些陌生，但是如果說他是蔦屋書店的創始人，知道的人就會多一些。

成功結合線上與線下：蔦屋書店

日本人在歷史上是最愛讀書的民族之一，今天到日本的地鐵上看，會發現還是有很多人捧書閱讀。但是，從一九七〇年代起，由於隨身聽、隨身CD機，以及掌上遊戲機的出現，年輕人讀書的時間變少了，出版業開始走下坡。就在這個時候，增田宗昭逆流而上，在枚方市開了一家蔦屋書店。不過，書店其實只是增田宗昭建立的一個平臺，書籍、電影、音樂只是他吸引人的錨定產品。他借此為那些有點閒錢又有時間的人打造了一個生活平臺，他把公司改名為CCC（Culture Convenience Club，即文化便利俱樂部），當然大家還是習慣稱之為「蔦屋」。

枚方市位在日本的大阪市，當地人的收入高於日本平均水準，生活節奏又不像東京那麼緊張，因此大家既有錢又有閒，增田宗昭的想法是，如何讓大家將這兩者都花出去。

日本人的住房面積並不大，週末需要外出享受生活的去處。增田宗昭看到了這一點，於是創立蔦屋書店以及一個讓大家享受休閒生活的圖書館。在辦蔦屋書店的同時，他還買下了整棟大樓以及周邊的兩棟大樓，並且把蔦屋書店所在的大廈租給商家，打造成一個生活中心（這也是CCC名稱的由來）。中心裡有各種美食和高檔商店，一家人可以在裡面待上一整天。增田宗昭雖然把書店辦得非常有特色，該店的營業額也很高，但是他真正賺錢是靠房地產，靠那些商家的房租。

非常有趣的是，蔦屋書店出名並且獲得商業上的成功，恰恰是在網路興起之後。一九九九年，也就是在亞馬遜進入日本的前一年，增田宗昭把所有的資金投入蔦屋線上。他是想做電子商店、放棄實體店嗎？不是的。雖然蔦屋線上和亞馬遜一樣提供網上購書和下載音樂的服務，但是增田宗昭真正的目的是透過新的技術獲得更多的用戶，讓他們到自己的實體店消費。如果你有興趣到蔦屋線上的網站（http://tsutaya.tsite.jp/）去看看，會發現它更像是餐飲生活類的網站，而不是像亞馬遜那樣的電子商務網站。蔦屋線上很快招攬了上千萬的會員，然後把蔦屋一體化的線下商業中心做成了日本中產階層日常的生活場所。如今，蔦屋有近七千萬會員，考慮到日本總人口約一億多，這算是不得了的數字了，而這一切全拜網路所賜。增田宗昭說：「我認為（雖然這話已經不新鮮了）尋找網路和實體的真正協同作用，才是對CCC而言最佳的選擇。」此後，CCC在全日本又開設了十幾家直營商業中心以及近萬家加盟店，那些加盟店除了出售文具，主要功能就是休閒咖啡廳或者茶屋。

在增田宗昭看來，CCC是一個平臺，但是不同於網路上的購物平臺，而是一個生活平臺。在網路時代，購物、看劇這類事情可以在網上完成，有很多平臺承載，彼此競爭非常激烈，但是線下生活的平臺反而沒有人投資去做，增田宗昭就是看準了這個機會另闢蹊徑，將蔦屋（或者CCC）發展起來的。

研究了增田宗昭的成功經驗，結合過去的思考，我得到三點啟發。

首先，商業的本質是讓人多花錢，而不是省錢。至於如何讓人們願意花錢，這是藝術，增田宗昭做到了。但是我們如果從事商業活動，可能需要去想其他方式，不能照抄別人的。

其次，我們常常容易隨波逐流。比如一談到網路時代就必然要談線上，但是我們可能更需要獨立思考，從事物的本質出發，找到那些隨波逐流的人忽視的機會。當然，增田宗昭的成功是基於我一開始說的假設，就是人省了錢、有了時間，最終是要花掉的。沒有這個前提，蔦屋模式的基礎就不存在了。

最後，也是非常重要的一項，就是增田宗昭看待新技術的態度。網路對他來說是一個手段，而不是目的。他用網路平臺招募會員，沒有網路，就沒有蔦屋書店和後來CCC的成功。但是，增田宗昭既沒有燒錢，也沒有炒概念，而是獨立思考，他對商業本質有深刻的認識。

經營和管理的祕訣：不給選擇

你一定注意過一個現象：雖然我們通常覺得給予客戶自由選擇的權利，他們應該會對我們的產品和服務更加滿意，但是大部分情況並非如此。讓客戶滿意的銷售和服務，恰恰是不給客戶太多的選擇。

選擇越少，客戶滿意度越高

蘋果的產品其實就不給使用者提供什麼選項，而它卻在全世界被「果粉」追捧。在蘋果之前，主要的手機廠商為了滿足不同人的需求，都要做出幾十款甚至上百款手機，無論諾基亞還是三星都是如此，導致用戶挑到眼花。更糟糕的是，人永遠是外國月亮比較圓。如果自己買了A款手機，看到同伴用B款，就會期待自己的手機兼有這兩款的優點，因此總是不滿意。據華為公司的董事、海思總裁何庭波女士所說，三星公司在蘋果出到第三代手機時，突然意識到不給用戶選擇能大大提高用戶的滿意度，於是將上百款手機砍到只剩下五根手指就能夠數完的幾款。結果靠著區區幾款手機，三星反而長期占據了市場份額第一的位置。後來華為在研製手機時，就學習了三星的經驗，不給用戶太多選擇。當然，更早意識到這一點的既非三星也非賈伯斯，而是以一己之力拯救了瑞士鐘錶業的經營之神尼可拉斯・喬治・海耶克（Nicolas George Hayek）[24]，他曾說，歐米茄手錶的產品種類從上千種減少到一百種，反而讓銷量大幅度提升了。

當然，有人可能會說，少做幾款手錶或者手機是出於成本的考量，並不代表沒有了選擇用戶會更滿意，如果蘋果出五款不同的手機，或許賣得更好。在歷史上，蘋果真的做過一次這樣的嘗試，它在推出第五代 iPhone 手機時曾出過一款稱為5C的手機（第四章也有提及），其中C代表color「彩色」，因為有很多種顏色可供用戶選擇。然而，銷售結果證明，多做一款用戶有較大選擇空間的5C手機，蘋果手機的總銷量並沒有提升，從此之後，蘋果公司就果斷停掉了這條產品線。

同時，在不涉及成本變化的一些服務領域，多給顧客提供選擇也沒有益處。谷歌的搜尋引擎和很多產品在設計時也通常不給用戶選擇權。雖然谷歌的產品從理論上說是允許用戶自我設置的，但是實際上那些功能很難使用，非專業人士從來不去碰，因此用戶一直以來都是用預設設置。谷歌在很多產品和服務上都做過實驗，若用戶難以進行自我設置，只能使用預設，反而會對產品和服務更加滿意。

類似的情況在商場上非常多見。日本第二大（根據市值）汽車公司本田（HONDA）是世界上最具競爭力的汽車公司之一，它從一個小摩托車廠開始，成為今天全球最具影響力的汽車品牌

24 瑞士 Swatch 鐘錶集團創始人和集團前董事長兼首席執行長。

之一，只花了一代人的時間。而本田的特點就是不給顧客提供什麼選擇。挑選過汽車的人都有這樣的經驗，在新車的配置上，你通常有非常多的選擇，表面上看起來是對你的尊重，但其實你也搞不清楚需要哪些配置。而那些升級包，裡面也是一大堆的選項，如果少一兩個，你恐怕也查不出來。本田的策略很簡單，首先，產品線特別短，只有雅閣、思域等幾款汽車。其次，每種車只有幾種標配，沒有選配，這反而讓每一款車在美國都是同類產品中最暢銷的。當然，不給用戶選擇也使成本大幅下降。相比之下，美國通用汽車公司（General Motors Co.）的產品線就要長得多，但是沒有幾個人搞得清楚它旗下不同品牌的兩款配置差不多的汽車有什麼差別，顧客面對同為通用出廠、配置看似差不多的吉姆西（GMC）和雪佛蘭的越野車，總是難以抉擇（事實上也沒有什麼區別）。

林徽因的姪女林瓔女士是美國著名的建築設計師，她因設計了簡潔的越戰紀念碑而出名。林瓔將賈伯斯的設計理念概括成一句話，「少就是多」。當然，少了，就不可能有選擇。

選擇多了，反而會壞事

不僅在對外經營上不給顧客太多選擇可以增加滿意度，在對內管理上，不給太多選擇通常也有利於提高管理效率和員工的幸福感。

在騰訊公司有一項福利，就是每年由各部門出錢讓大家在國內旅遊一次。當然，某個部門如果有多數員工願意自己加點錢去國外旅遊，部門祕書也會張羅安排。祕書很負責，總希望讓每一位員工都滿意。有一年年底，某個部門祕書拿了一個出國旅遊的方案來徵求我的意見。她出於好心，給大家提供了兩個選擇：一個是到北海道滑雪，另一個是到普吉島享受陽光。我請她只保留一個目的地，不要給大家選擇。我看她一臉迷茫地望著我，便解釋說，理由其實很簡單，我們不能把好事辦成壞事。如果只給大家一個選擇，比如去北海道滑雪，大部分深圳的員工從來沒有滑過雪，有些人甚至沒有見過雪，更不要說去北海道不僅能滑雪，還可以體驗正宗的日本料理和溫泉。大家年底前去這樣玩一趟必然很開心，回來後一定會念著公司和部門的好，工作也會更積極。但是如果給大家兩個選擇：去北海道或者普吉島，就會壞事。

先說說去北海道的這批人。大部分人不會滑雪，其實也很難真正享受滑雪的樂趣，第一次滑雪的人在滑雪板上站半天腿就疼了。北海道到了冬天又冷又溼，年底的時候下午四點天就黑了。大家或許剛去的頭兩天比較興奮，但接下來就會抱怨天氣不好了，然後就會想像那些去了普吉島的同事正舒服躺在沙灘上晒太陽的情景，心裡難免會後悔。反過來，那批去了普吉島的人也是如此。剛到熱帶島嶼，看到漂亮的沙灘，拍幾張照片晒晒微博（當時還沒有微信）會興奮一陣子，接下來就會覺得無聊了，因為普吉島沒有什麼人文景觀，那群人想著遠在日本的同事正在享受溫泉和美食，心裡也會後悔。最後，兩組人回來都覺得不怎麼滿意。祕書聽了我的話，就只給員工們一個選擇，至今參加過那次國外旅遊的人有時見到我還會說好呢。祕書問我這個經驗從哪裡來的，我說是因為我過去在谷歌受過教訓，給了大家選擇，最後反而吃力不討好。

你不可能滿足所有的人

有時，不僅在地點上不要給人提供選擇，在時間上也是如此。大家可能都有這樣的經驗，老同學想聚一聚，但總是找不到合適的時間。當然，一些考慮周到的召集人會給大家幾個時間挑選。不過即使給大家十個時間，也不可能找出一個時間大家都能來參加。因此，給大家幾個時間選擇看似照顧大家，其實並不是好方法。隨便舉一個例子來說，假如同學們想在週末聚會，那麼就有週五、週六和週日三個晚上可以選擇，讓大家填表，每個人需填寫第一和第二選擇。如果所有人都選擇週五晚上做為首選也就罷了，可要是填得五花八門，就無法協調了。即使一半的人說週六晚上是首選，可如果你真的選了週六，另一半的人多少會覺得自己的意見沒有被尊重，而那些把週六做為第二選擇的人可能也會有些抱怨。這種時候，如果班上有一兩個較得人緣的同學拍板定下週六，雖然有同學會因為無法參加或者因為要犧牲其他事情而心生抱怨，但聚會還是能辦起來；如果這個班上群龍無首，聚會可能永遠停留在微信上。

比較好的方法是什麼呢？同學聚會這種事情，只要幾個核心同學商量一下，定下時間，然後通知大家就可以了，不要給每個人選擇的自由，因為永遠不可能找到一個所有人都方便的時間。如果有的同學真的不能來，因為已有其他安排，他更多的也是遺憾，而不是抱怨。

不提供選擇的負面結果可能是永遠得不到某些客戶，或者在公司裡無法讓全部員工滿意，但這其實沒有太大的關係，因為我們不是神，沒有能力讓所有人都滿意。那些在心裡完全排斥你的產品的人，從來就不是你的潛在客戶。同樣的，在團隊中，某些個人偏好永遠和團隊大多數人不一致的人，除非他有別人無法取代的才幹，否則找一個人替代他，對於他本人、團隊和公司都是一種解脫。

因此，一個好的產品設計者會想辦法引導顧客，而不會去迎合每一個顧客。而一個好的管理者需要制定簡單有效，同時還能讓絕大多數員工滿意的制度，並給予有用的福利，但是沒有必要在每一件事情上取悅每一個員工。後者不僅讓人感到困惑，有時還會適得其反。

適度的選擇給我們自由，但是過多的選擇會適得其反。

第三眼美女：新產品在市場上成功的三個階段

二〇一六年年底，有朋友和我聊到虛擬實境（VR），他問了一個有趣的問題：「為什麼虛擬實境雷聲大、雨點小，說了好幾年，也沒有看到快要普及的跡象？」

我一般把新的科技產品從出現到成為爆款的過程稱為「發現第三眼美女」，這個比喻未必恰當，卻比較容易理解和記憶。

第三眼美女當然是相對於「第一眼美女」和「第二眼美女」而言。第一眼美女有什麼特點呢？首先，一眼看上去就很漂亮，但是不屬於大眾範疇。這裡面有很多原因，或許是因為她們本身就認為自己是菁英而非大眾，或許是因為這些人光芒四射，一般人想接近也難。總之，大眾只能在遠距離欣賞她們。其次，人有時會看走眼，乍看很漂亮，接近以後發現沒有內涵，看到第二眼、第三眼時，未必還能有最初的好印象。

第二眼美女未必有第一眼美女那麼天生麗質，因此她們往往需要更懂得打扮才能引來周圍人欣賞的眼光。這樣一來，和第二眼美女交往的成本也比較高，大眾即使心癢癢，也未必能得到；即使得到了，第二眼美女的脾氣也未必好，因此雙方蜜月期一過，可能就形同陌路了。

第三眼美女是屬於大眾範疇的，她們未必那麼顯眼，但是如果仔細觀察，還是不錯的。更重要的是，正因為她們沒有光鮮的外表，如果依然能夠吸引人，那麼必定有某種美德或者價值。而對於欣賞美德或者看重價值的人來說，他們對第三眼美女的喜歡會持續很久，除非這種美德和價值不復存在或者過時了。

只有技術菁英才會用的第一眼美女

再回到新技術產品，通常都需要到第三代才能普及，被大眾廣泛接受，並且延續較長時間。比如說電腦圖形視窗的作業系統，最早發明它的並非一般人認為的蘋果公司，而是當年的技術先鋒，全錄公司（Xerox）的帕羅奧多研究中心（PARC）。相比當時簡單粗糙的命令列式作業系統（今天已經很少人使用了），圖形視窗的作業系統在當時顯得非常靚麗，但是它並不成熟，更談不上實用。最初嘗試使用的是技術菁英人士，或者是對技術非常敏感的人（tech-savvy），只有他們才能看到其中的價值，大眾對這項技術並不關心。因此，這一代產品還沒有問世就夭折了，更不用談什麼普及。

有錢才用得起的第二眼美女

第二代是蘋果麥金塔（Mackintosh）電腦的視窗圖形作業系統（不算蘋果曾經嘗試視窗但未走紅的 Lisa 電腦）。今天蘋果電腦稱為 Mac 機，Mac 就是英文麥金塔的前三個字母。話說，麥金塔的原義是一種蘋果的品種。Mac 的視窗作業系統發想來自全錄公司的第一代產品全錄奧托（Xerox Alto），但是為了方便使用，做了很多改進，就如同化妝一樣。但是，Mac 機的價格比較昂貴（至今如此），因此只有高收入族群才願意支付較高的價格購買。另外，Mac 機並不相容（脾氣不好），因此只有能習慣它的使用方式的人才會一直使用下去。

實用平價的第三眼美女

視窗作業系統的第三代大家都很熟悉，就是今天被廣泛使用的微軟作業系統。它不像第一代、第二代那麼「性感」和精緻，但是仔細想想也很不錯，因為對一般人來說夠用了，而且非常實用、價格便宜、相容性好，因此得以普及。關於蘋果和微軟的作業系統之爭，大家可以去讀我的《浪潮之巔》，這裡就不贅述了。

從電腦、手機到汽車，皆歷經三代美女

我們今天所使用的很多IT產品都要走過這三個階段，等到「第三眼美女」到來時，才能說明這個市場成熟了。比如智慧手機，最早微軟、黑莓、諾基亞等都開發了自己的智慧手機，這是第一代，如同「第一眼美女」，只有對這類產品感興趣的人才願意去嘗試，一般老百姓只會遠遠地看看。第二代是蘋果的 iPhone，一款很漂亮的高端手機，如同「第二眼美女」，和大眾其實沒有

太大關係。第三代是谷歌的 Android，便宜實用，這是「第三眼美女」，於是普及了。

電動汽車也是如此。第一代電動汽車（不算當年愛迪生發明的那種不實用的電動汽車）其實不是 Tesla 生產的，而是通用汽車公司在一九九六～一九九九年生產的 EV-1（一共只生產了不到一千輛）。當時一些環保人士和對科技敏感的人對它非常追捧，因為它是一個全新的概念。這些人覺得開這種車很酷，因為馬路上見不到幾輛，開它上路就如同帶著美女上街一樣。但是 EV-1 不僅性能不夠好，而且開不了多遠就沒電了，充一次電只夠當天上下班。因此，這款電動車只能算是吸引眼球的花瓶。第二代電動汽車是 Tesla 的汽車，性能不錯，充一次電能跑很遠，但是價格太貴，在美國基本上相當於一輛中等保時捷的價格（七～十三萬美元），只有富人才願意購買。因此 Tesla 賣了六年，一共才賣了不到二十萬輛（包括 Roadster 跑車、S 系和 X 系）。第三代是 Tesla 新推出的三系（model 3 ）電動汽車（該系列因針對寶馬三系市場而得名），價格和傳統汽車差不多，但是電動汽車的好處它都有，因此發布後一星期就訂出二十多萬輛，超過過去所有汽車銷量的總和。

前兩代美女只是為三代鋪路

最後總結一下 IT 新產品獲得市場認可必經的三個階段。

第一階段雖然有了革命性的發明，產品也很性感，但是毛病很多，只有對科技特別敏感的人才會關注和使用。

第二階段解決了第一階段大部分問題，讓科技帶來的好處充分顯現出來，但是價格昂貴，有時還不好伺候，因此只有有錢人才會使用。

第三階段解決了價格問題，才能普及到大眾。

絕大部分產品的三個階段是由不同公司帶頭的，前兩個階段的公司可能在市場上都不成功，只是為第三個階段鋪路而已。當然，有時候，少數公司財力充足，又能夠堅持長期投入，因而走完全部三個階段，但是這種情況非常非常罕見。當然，還有很多產品，甚至走不到第三個階段就夭折了，比如3D電視。這就如同看人看外表，最後發現看走了眼。

第八章　理性的投資觀

事業成功，賺到了錢，卻不會花、不會理財，可能最後白忙一場；沒有賺到錢，空有理想抱負，可能也不過是幻想。因此，金錢觀不僅會對人的事業產生影響，也會決定人的幸福。

培養正確的金錢觀

魯迅先生說，人「一要生存，二要溫飽，三要發展」。然後他又具體解釋道：「我之所謂生存，並不是苟活；所謂溫飽，並不是奢侈；所謂發展，也不是放縱。」魯迅是很實在的人，絕不假裝清高，該享受的物質生活還是會享受。魯迅的收入按照當時的物價水準而言是相當高的。他當時在教育部任職，每月的薪水是三百塊大洋，那時北京市民的最低生活費是每月兩、三塊大洋。毛澤東曾在北京大學圖書館當過管理員，每月薪水八塊大洋。在民國初年，貝聿銘的叔祖貝潤生先生買下了蘇州獅子林，那麼大一個園林，價格才九千兩銀子，大約一萬兩千塊大洋，相當於魯迅三年多的工資。當然，貝潤生先生後來又投資獅子林進行改建，才形成今天大家看到的獅子林。不過這至少說明了魯迅先生當時的薪水極高。除了固定薪水之外，魯迅的稿費和講課費也不少。順帶一提，魯迅在北京大學兼職講課，並不算正式的教職人員，這種外聘人員當時的頭銜是講師，並非魯迅達不到教授的資格而給了講師頭銜。

魯迅還有一個特點，他一方面拿國民政府的錢，一方面還罵國民政府。魯迅自己說，飯碗可以跟理想分開。我們今天很多年輕人動不動就說為了理想，把工作辭掉，然後在外面混一圈什麼都沒有做出來，再跑回去啃老。我甚至見過一個男生去「啃」收入低微的女朋友，真不知道該怎麼評論他。二〇一六年，我把很多想創業的人都勸回去上班了，因為我覺得他們還沒有準備好，不僅是精神上，物質上也是。

挪威著名劇作家易卜生（Henrik Ibsen）寫過一部名劇《玩偶之家》（*A doll's house*），裡面的女主角娜拉一直活在傳統的婚姻制度下，跟丈夫的關係非常不平等，最終她覺醒了，離家出走開始了新的人生。幾乎所有人在讀完這部戲劇後都會讚揚娜拉追求自由平等的反叛精神，女權運動者對她更是讚嘆不已。可是魯迅的看法卻不同，他寫下了〈娜拉走後怎樣〉一文。

魯迅寫道：

可是走了以後，有時卻也免不掉墮落或回來。否則，就得問：她除了覺醒的心以外，還帶了什麼去？倘只有一條像諸君一樣的紫紅的絨繩的圍巾，那可是無論寬到二尺或三尺，也完全是不中用。

她還須更富有，提包裡有準備，直白地說，就是要有錢。

夢是好的；否則，錢是要緊的。

錢這個字很難聽，或者要被高尚的君子們所非笑，但我總覺得人們的議論是不但昨天和今天，即使飯前和飯後，也往往有些差別。凡承認飯需錢買，而以說錢為卑鄙者，倘能按一按他的胃，那裡面怕總還有魚肉沒有消化完，須得餓他一天之後，再來聽他發議論。

所以為娜拉計，錢——高雅地說罷，就是經濟，是最要緊的了。自由固不是錢所能買到的，但能夠為錢而賣掉。

魯迅是我非常欽佩的人，對於物質生活的態度，我頗為贊成他的一些看法。也就是說，我贊同「沒有錢是萬萬不能的」。那些為了理想而奮鬥的年輕人，不要因為看到很多人辭職或者退學後發了財，就天真地認為只要將自己置之死地就能後生。現實情況往往是，置之死地後就死掉了。很多人，尤其是媒體，為了嘩眾取寵，過分渲染退學創業的故事，但是其中常常故意顛倒因果關係。蓋茲、佩吉、布林和祖克柏退學創業能夠成功，是因為他們找到了賺錢的方法，然後才退學，而不是反過來，因為退學，所以創業成功。

不過，今天我更想說的是對錢的態度，而不是錢對生活的重要性。如果用幾句簡單的話概括我的金錢觀，大約是以下五句話：

一、錢是上帝存在你那裡的，不是給你的，回頭你要還給他。
二、錢只有花出去才是你的！
三、錢和任何東西，都是為了讓你生活得更好，而不是給你帶來麻煩。
四、錢是賺來的，不是省來的，而賺錢的效率取決於一個人的氣度。
五、錢是花不光的，但是可以迅速投光（投資、投機）。

接著就來一一說明我具體的想法。

錢是上帝存在你那裡的，不是給你的，回頭你要還給他

很多人一輩子，尤其是前半輩子非常辛苦地打拚，憑自己的能力努力賺錢，而且往往為了賺錢放棄一切，比如健康、親情、友情和幸福。但是，他們沒有想通一件事情，那就是世界上做任何事情都是有代價的，賺錢也是如此。對於那些能夠留下巨額遺產的人，最終錢只有三個去處：

一、在生前都花掉，花不掉就糟蹋掉。

二、交給山姆大叔（意指美國）這樣的國家部門或者慈善機構（中國現在還沒有遺產稅，但不等於將來沒有）。

三、留給他人，包括後代。

沒有第四個去處。

古代帝王在墓中放了太多陪葬品，除了「鼓勵」盜墓，沒有任何益處，倒是歐洲君王或者名士用一個簡單的石棺葬在教堂裡，得以安息。錢這種東西，上帝會借給大家，讓大家花，花不掉的他都會拿走。很多人覺得把錢留給孩子能讓他過得好，但是，朱元璋一定想不到他的子孫會發出「願生生世世勿生帝王家」的感慨；一百多年前，美國很多超級富豪也發現給孩子留太多錢反而害了他們。

很多人賺的錢，甚至沒有到死，就已經先還給了上帝。有句話說，「前半生用命換錢，後半

生用錢換命」，講得一點都不錯。在美國，看病花掉了GDP（國內生產毛額）的百分之十七[25]，估計到二〇二〇年會達到百分之二十。相比之下，美國人每年吃飯才花掉GDP的百分之五，比吃藥少很多。在中國，雖然沒有具體的資料，但是大家看看周圍的老人就知道，長輩們是吃飯花錢多，還是看病和吃藥（包括保健品）花錢多？恐怕後者要多得多。還有很多老人，為了多活兩週（或者家人希望他們多活兩週），花掉了自己一輩子的積蓄。如果這樣，何不在自己行動方便的時候對自己好一點呢？不要那麼拚命賺錢，愛惜自己的身體，多享受享受生活。同樣的，很多人為了賺錢不花時間陪伴孩子，等到孩子不學好，沒能上個好學校，再捐錢走後門，這樣的錢不過是在自己這裡轉手而已，並不屬於自己。

每個人的能力都有極限，在這個極限內努力，效果會比較好；已經接近極限，效率就會大打折扣；想超越極限，是枉費心機。賺錢也是如此。超過自己的能力去賺錢，即使有所收穫，各種成本也太高，並不划算。也就是說，可能是賺了一元，但在其他方面損失了兩元。想清楚這一點，人就能過得比較瀟灑，孔子說「不逾矩」就是這個道理。

做為大文豪，魯迅這輩子就過得比較瀟灑，雖然他的壽命不算太長，但是他一輩子想做的事情都做了，生活非常豐富多彩。相比之下，同樣是大文豪的巴爾扎克，為了賺錢，大量出版書籍，夜以繼日地連續工作了二十年。他每天晚上六點鐘上床，半夜十二點起床，點上蠟燭，一口氣工作到第二天早上，到七點的時候沐浴、休息一會兒，等出版商上午把稿件取走後，再工作到

25　資料來源：世界銀行。

下午，每天寫作十六個小時，完全靠咖啡支撐，因此四十歲身體就完全垮了。當然有人會問，他為什麼不晚上十點睡覺、早晨四點起床呢？同樣是睡六個小時，卻健康得多。問這個問題的人可能自己不長期寫作，我自己寫書有這樣的體會，每個作家並非一天任何時候都會文思泉湧，在特定的時間寫作效率會高很多。我自己就是這樣，想必巴爾扎克也是如此。巴爾扎克去世後，醫生發現他因為飲用了太多咖啡，骨頭都是黑的。巴爾扎克當然很多產，大量的版稅收入讓巴爾扎克過著豪華的上流生活，但是他依然入不敷出，然後又得更加拚命工作。這樣的生活，我是不會過的，也不建議任何人過。既然錢是上帝存在我們這裡的，回頭都要還給他，我們又何必要錢不要命呢？

錢只有花出去才是你的

錢的本質是什麼？它實際上是對各種資源的所有權和使用權的量化，而資源本身又可以分為自然資源和人為資源。這句話怎麼解釋呢？我們不妨看以下兩個例子。

如果你運氣好撿到一顆鑽石，你就有了錢，因為你擁有一部分自然資源；如果你買了一塊土地蓋房子，你花出去的錢就換得了土地這種自然資源。對於人為資源的擁有，也是如此。當你花錢買一輛汽車，除了換回一點鋼鐵、橡膠等少量自然資源外，其實是花錢買生產線上工人的時間；當你請保母打掃房間，其實是買他們的時間；當然，如果花錢到遊樂場玩電動遊戲，你就買了遊戲公司裡工程師的時間。至於遊戲公司為什麼能夠日進斗金，就是因為把握住了玩遊戲人的心理，知道打遊戲的人願意拿出很多個人資源去換取那片刻的愉悅。當然，你之所以有錢，是因為你提供了你的時間為大家做了有用的事情，也就是說，將你的時間資源商品化的結果。因此，每個人的錢多錢少，反映了他今後能調動社會資源（包括自然和人為兩種資源）的總量。一個人有一百萬元存款，另一個人有一萬元存款，前者可以得到的自然資源，或者可以使用的他人勞動時間是後者的一百倍。當然，用錢換取什麼自然資源、使用他人做什麼，是你的事情。

如果體會了錢的本質，你就能體會我所說的「錢只有花出去才是自己的」。當你有效花錢，就等於有效地利用了社會資源，而利用了社會資源，就有可能獲得更多的錢，這是一個良性循環，錢的意義也才能體現出來。如果錢放著不用，就失去了這個意義，最終上帝會把它收走。很多人說捨不得花錢去享受，這其實是放棄了利用資源進步的可能性。當然，你如果把錢浪費掉，比如燒掉一百萬元現金（不論是真的點火燒掉，還是投到股市燒掉），實際上都等於放棄了自己對資源的所有權和使用權。將來等你再想調動資源，才發現調動不了了。

如果想讓錢發揮最大效能，最好的辦法是利用它把今天過好。對於「昨天、今天、明天」這三個概念，我一直覺得，昨天無論好與不好，都已經無法改變，這在經濟學上稱為沉沒成本[26]。如果我們過去過得很好，那是我們幸運，為此一定要感謝上帝和周圍的人；如果過得不那麼好，把今天過好還不晚。對於未來，很多人有不切實際的幻想，我小時候也夢想著有美好的未來，但是上大學之後就更看重今天了，因為未來有太多不確定性。用錢來提高今天的生活品質是我的原

26 沉沒成本（sunk cost），在經濟學中指稱已經付出且不可收回的成本。

則，這不僅是為了享受生活，更是因為未來是在今天的基礎上發展起來的。把錢有效地花掉，讓自己處於一個好的起點，才能有好的未來。至於是否該「存錢」，我認為每個人都需要有點積蓄來應急，這樣遇到萬分之一的倒楣事，才有走出困境的機會。但是為了存錢而犧牲當下的生活，是很不值得的。這是我對錢的第二點體會。

錢和任何東西，都是為了讓你生活得更好，而不是給你帶來麻煩

世界上獲得任何東西都要付出代價，錢也是如此。我們總是希望得到所有想要的好東西，比如當我們遇到喜歡的人時，也想和他（她）永遠在一起，這是人之常情。精神層面的財富，比如聲望和名譽，我們也想得到。但是，得到這些美好的東西都要付出代價，更重要的是，獲得這些東西可能意味著要失去另外一些已有的東西，這一點絕大多數人會忽略。因此，在追求任何好東西（無論是人、物質還是精神層面的）之前，我都會問問自己，這會讓我的生活變得更好，還是會給我帶來麻煩。

一些讀者朋友私底下問我：「你買奢侈品嗎？」我說買，可能還買了不少，因為它們不僅品質好，而且是我做產品設計和市場行銷研究的素材（關於這一點我在《矽谷來信》中寫了七封信介紹）。但是，我買奢侈品有一個重要原則，就是不能讓我的生活因此變差。所以，為了炫耀而購買奢侈品，我是不會做的。前兩年媒體報導有年輕人用腎去換 iPhone 手機，這實在不值得，因為他將來的生活會變差。不僅如此，如果為了買 iPhone 就要降低兩個月的伙食費，也不值得。

我見過國內很多人，為了房子能大幾坪，縮衣節食，什麼娛樂和享受都放棄了。在美國我也見過類似的情況，買了一間大房子，生活各方面都要精打細算，開了十年的車子無法換新的，家裡沒有錢裝潢，只好從ikea買一堆簡易家具，買食品都要等到有折扣券的時候。這種情況下，無論是iPhone還是房子，替生活帶來的麻煩都超過了便利。事實上，絕大部分工業品都沒有收藏價值。如果一個有錢的女生，買一堆LV或者香奈兒的包包，天天換著用也就罷了；如果天天藏在衣櫃裡捨不得用，實際上等於是把可以調動的資源浪費了。我見過不少女生省吃儉用買一個兩三萬元的包包，卻捨不得用，我總會開玩笑說：「那妳還買它幹嘛？」對於喜歡的東西，如果付出的代價是會讓生活品質變差，那就算了，這是我的第三點金錢觀。

錢是賺來的，不是省來的，而賺錢的效率取決於一個人的氣度

幾乎所有薪水族都認為，對於錢最大的苦惱就是永遠不夠花。其實這種感覺不只是薪水族有，富人也是如此。美國曾做過一個心理學調查，問不同收入的人有多少錢就能花起來比較隨意。年薪兩萬的人說，有四萬就好了；而年薪四萬的人則說，需要八萬……最後年薪一百萬的人說，需要兩百萬才夠花，反正都是現在收入的兩倍。為什麼是兩倍而不是十倍呢？因為年收入四萬的人想像不到年收入一百萬的人是怎麼花錢的。為什麼年收入一百萬的人覺得錢還是不夠花呢？因為達到了那個收入水準，就想做更多的事情、花更多的錢。彭博說過一件事，他在當紐約市長時，一位億萬富翁跑來找他，說願意出資十億美元改善紐約市的公立教育。彭博在感謝他之

後說，紐約公立教育一年的預算是兩百五十億美元，言下之意是，十億美元不會有他想像中那麼大的幫助。這位富翁後來再也沒有聯繫彭博。我講這個故事的用意是，即使對於億萬富翁來說，也有錢不夠花的時候。

既然錢不夠花，只有兩個解決辦法：多賺點或者少花點。但是，從根本上來說，錢是賺來的，不是省來的。一個人很難用五元辦成十元的事情，有功夫去省錢，不如多花點功夫去賺到十元。這個道理不難理解。

要想多賺錢，就要講究賺錢的效率，而透過延長工作時間賺錢，顯然並不可取。一個人就算工作兩倍的時間，最多多賺一倍的錢；而任何能夠輕鬆賺大錢的人，每小時賺錢的效率可以比普通人高出三、五倍，幾十倍，甚至更多。前面說過不做偽工作者，以及芝麻和西瓜的關係，其實都是強調工作的效率。工作效率提高，自然賺錢的效率也提高了。

要想賺錢多，我還有一個祕訣，就是必須掌握一些大部分人不會的技能。如果我們想清楚了錢是資源的量化，越是希罕的資源自然越值錢，那麼當我們有了別人不會的技能，我們就是希罕資源。今天，大家都會的技能是毫不值錢的，比如開車。我在《超級智能時代》中曾說到人工智慧技術在未來對人類工作的衝擊，於是有很多讀者問我，說一個知名人士曾說，未來社會只要掌握英語和電腦就可以吃遍天下了，問我對此番話的看法。我半開玩笑地說，你先看看他是否這樣培養自己的孩子。然後我解釋道，那兩項技能將來是最不值錢的。二十年前，一個人只要英語講得流利就有飯吃，今天則是在城市裡生活的人都能說幾句英語，即使不能說，翻譯軟體也做得夠好了，讀一些英語資料，甚至簡單的溝通都不是問題。至於電腦，將來這項技能就和開車一樣，人人都會一點，今天除非有本事把車開得像F_1賽車手一樣好，否則開車這項技能對就業幾乎沒有幫助。未來除非電腦水準達到頂級工程師的程度，才能賺到大錢，而只會寫兩行代碼的人，滿街都是；學習程式設計或許有飯吃，但是肯定賺不到大錢。每個人無論是自己創業還是為別人做事，都應該有自己獨特的能力，才有可能高效率地賺錢。當我們能高效率地賺錢，生活便相對容易了許多。

錢是花不光的，但是可以迅速投光（投資、投機）

這是我對錢的最後一點，也是最重要的一點體會。如果你有很多錢，恭喜你，只要不吸毒、不養小三、不賭博，花光它並不容易，但是想要透過投資增加財富，就有可能迅速破產。美國十九世紀的大文豪馬克．吐溫，一輩子賺了巨額的稿費，都被他糟蹋光了。馬克．吐溫的錢不是揮霍掉的，而是他亂投資投掉的。你可能會說馬克．吐溫還不夠富有，更有錢的人是不會很快變成窮光蛋的。事實並非如此，很多大家族在一兩代人之間就破產了。其中沒有一個是因為亂買東西把錢花光，甚至沒有因為吸毒、養小三和賭博把錢花光，很多大家族的後人是很自律的，他們破產無一例外是因為投資不當。在「羅輯思維」第八四期中，羅振宇老師講了貨櫃的發明者麥克連（Malcolm McLean）的故事。在故事的最後，他獲得了巨大的成功，改變了世界，事實上他在鼎盛時期也成為美國最富有的人之一。但是，故事到此並沒有結束，最終麥克連破產了，欠下十幾億美元的債務，而這僅僅緣於一次投資失敗（石油投資）。同樣的，美國歷史上最富有的家族之一，亨特兄弟（the Hunt brothers），也因為一次投資失敗（白銀投資）而破產。

因此，賺到錢的人算是幸運兒，但是如果投資不當把錢敗光，那就是我前面說的「命不好」，而命不好是因為思維方式有問題。有了錢還要能守住錢，讓它升值，才會有好命。在接下來的幾篇裡，我會著重討論投資理財的問題。但在講投資之前，先要講講風險，因為一旦投資失敗，就能毀掉人的一生，甚至兩代人的命運。尤其是當人想賺錢的時候，最容易利令智昏，因此要特別小心。不僅是投資，生活中的風險也無處不在，做人做事永遠要有風險意識，才能立於不敗之地。

控制風險是投資的基礎

「風險意識」這個詞大家一定不陌生，因為這四個字常常見諸報端。不過很多人談到風險意識時，常常只局限在金融或投資，對生活中的一些事情反而缺乏風險意識。前一陣子我偶然看到一則新聞，頗具代表性。這則新聞的內容大致如下：

一位女士到國外旅遊，買了一堆寶貝，可能是隨身行李裝不下，也可能是她沒有帶隨身行李的習慣，總之她將寶貝裝進託運的行李箱中，結果託運的行李箱丟了。行李箱裡有兩個比較貴的包包和七個便宜一點的包包，加上三瓶香水，雖然她沒有說這些東西值多少錢，但我估計至少三、四萬元人民幣。根據規定，航空公司賠了她八百美元，這位女士當然非常鬱悶。

由於國外奢侈品在中國的價格比原產地高大約百分之三十，因此很多人出國時會買大量的包包回來，或者自己用，或者送人。在美國矽谷南北兩端各有一個 outlet，裡面從中檔的蔻馳（Coach）、邁可・寇斯（Michael Kors, MK），到高檔的 Burberry、Prada、古馳（Gucci）等應有盡有。平時店裡沒有什麼顧客，像古馳或者 Prada 這樣的店，可能售貨員還比顧客多。但是到了節假日，來自中國的遊客擠滿了門市，以至於這些店從中端到高端都得管制入店人數。我問過一些朋友，為什麼要帶這麼多東西回去，他們告訴我省下來的錢，都夠買一張從北京或者上海到美國的機票了。他們的帳算得不錯，但是忽略了一件事：風險。

到海外遊玩或者出差，順便買點自己喜歡的東西是非常愉快的事，可以為旅途添色不少。但是為了省錢而大量買東西、帶東西回去，雖然可能賺不少錢，而且在很多人看來沒有風險，但是其實風險並不小，我能看到的風險至少有三個：行李遺失的風險、被海關查到補繳稅款的風險和東西不合適退貨的風險。

這些風險是否可以忽略呢？其實並不能，我們不妨看看這三個風險有多大。

遺失的風險

我在過去二十多年裡飛行了上百萬公里，卻很少託運行李，因為知道行李有遺失和損壞的風險。有時不得已需要託運行李，想來不超過三十次，但是這三十次中就有四次行李沒有按時到，為我帶來很大的麻煩。其中更有一次是因為開箱檢查，遺失了一個體積很小但是價格不菲的相機配件（這也怪我糊塗，隨手把貴重的配件扔到託運的行李箱中）。另外還有兩次行李箱完全損壞，包括最近（二〇一七年夏天）一次去歐洲旅遊，而賠償的那點錢遠遠抵不上我的行李箱本身。當然，你可能會認為是我運氣比較差，然而美國每年公布的資料表示，各航空公司行李的遺失率為百分之〇．三～一，這個機率並不算低。如果以總數來計算，美國每年遺失和損壞的行李大約是兩百萬件，數量也不少。

補繳稅的風險

大部分中國人在美國過海關時，都會被要求開箱檢查，因此帶食物和肉類是相當危險的。反過來，進中國海關時對食品檢查不是很嚴格，但是對大件商品有時會查得非常嚴，只要海外購買超過五千元人民幣，就可能會被徵稅。被查到後是否收稅，就看海關高不高興了。我的朋友幫別人帶手錶、iPhone、音響都曾補繳過稅。即使沒有被抽查，或者查到後沒有被徵稅，經歷過的人也是提心吊膽，畢竟命運不在自己手上。如果只購買了一個奢侈品手袋或者幾雙名牌鞋，即使被查到，也不需要太擔心，因此過海關比較踏實。但是像前面提到的那個女士，託運了九個手提袋、三瓶香水，雖然省了不少錢，但是即使行李箱沒遺失，過海關恐怕也不安心，因為被查到追繳關稅就得不償失了。

退貨的風險

大家心裡都清楚，有多少東西買完以後完全滿意，根本不需要退，而又有多少東西可能要退。如果每買二十次東西你就有一次想退或者覺得不合適，那麼這個風險就不小。我的一位朋友喜歡透過海外代購省錢，她這樣買來的鞋子每四、五雙就有一雙尺寸不合，由於通常不能退換，所以只好自己想辦法拿到淘寶上去折價出售。因此，不合適又不能退貨的風險其實並不小。

如果將上述三種風險折算成價格，按照百分之二十的加價來計算（實際情況往往比這個還高），算下來其實省不了什麼錢。因此，是否還有必要辛辛苦苦、大包小包地買或者請人代購，就值得考慮了。但是大家在買東西時，基本上是假設零風險，只會單純比較標價，因此能買的還是會買。

我講這些並不是要幫大家算海外買貨是否划算，而是想說明在沒有風險意識和具有風險意識的前提下，做事情的策略會完全不同。大部分人做事情前只會考慮收益，完全忽視風險，因此會簡單地採用利益最大化的策略。但是，只考慮收益、不考慮風險的人，往往得不到最好的結果；而有風險意識的人，做決定時就會穩妥許多，得到的結果也會好很多。

投資理財商品不只看報酬，也要看風險

我每次去銀行，行員總要跟我推薦理財商品，理由是理財商品的報酬比銀行存款利息高。中國所謂的理財商品，很多背後是債券和保單，還是有很大風險的。在已開發國家，幾乎任何一種債券都有評級，從AAA到C以下（也稱為垃圾債券）有很多種，評級的目的是告訴購買者有多大風險。比如AAA的債券賴帳（default）的風險小於千分之一，AA的債券賴帳風險小於百分之〇．二，而垃圾債券賴帳的風險就高達百分之二十六了。當然，評級越差的債券要付的利息越高，也就是所謂的投資報酬率越高。因此，在買債券（理財商品）時，不僅要看報酬，更要看風險。年化報酬率百分之六的理財商品，未必比複利百分之三的國庫券更值得投資，因為前者有還

不起本金的風險。然而在中國，賣理財商品的人從來不告訴你具體的風險，而大部分購買者也沒有多少金融知識，只好聽賣債券的糊弄。如果大家都知道理財商品的風險，投資的策略就會不一樣了。

生活中的風險防範意識

不僅投資如此，生活中任何事情都有風險，如果事先有風險意識，就會採用完全不同的策略做事情。比如平時開車，如果遇到紅燈，肯定不是很舒服，因此很多人要搶最後〇．一秒，希望成為最後一個通過斑馬線的，而不是第一個被紅燈攔下來的人。如果我們有風險意識，可能就不會去搶這〇．一秒鐘，而是老老實實在斑馬線停下來。當然，很多人即使能約束自己做到這一點，心裡還是不舒服、還是著急。因此，大部分人在燈變綠時，會馬上加速衝出去。從交通法規來說，這麼做並沒有錯，因為是合法合理的。但是，根據美國交通事故的統計結果，這種行為的危險性比闖紅燈還要高。因為如果在紅燈變綠的一瞬間衝出，和我們垂直方向的車道上，不免有人為了搶那最後〇．一秒，而在黃燈的時候猛然加速。如果這時我們的車子已經衝過斑馬線，很可能被那些垂直方向闖紅燈的車輛攔腰撞上。開車的都知道，被攔腰撞上吃虧的是自己。

在美國駕訓班，教官都會教學員「防禦性駕駛」（defensive drive），這是什麼意思呢？不是說自己遵守交通法規就沒有危險，而是要防範周遭的司機因為嗑藥而發神經病，或者因為喝了酒而無法控制車，抑或因為其他原因而不遵守交通規則，那些違規的人很可能會撞上我們。雖然這種情況下責任在對方，但是如果受傷了，甚至殘廢了，吃虧的是我們自己。如果一個人開車的策略是防禦性駕駛，開車的方式就會和忽視他人帶來風險的司機完全不同。比如，當號誌燈變綠時，他不會馬上衝出去，而是先確認垂直方向沒有闖紅燈的；看到行為很怪的司機會躲遠點。事實上，世界上任何國家，很少出事故的司機都是自己遵守交通法規，而且具有風險意識、防禦性駕駛的人。

二十多年前的冬季奧運會上，中國女子短道速滑運動員常常被韓國運動員惡意撞倒，因而失去奪冠的機會。這種事情如果是第一次發生，可以說是經驗不足，但是從此之後就應該有風險防範意識，在比賽時必須假定對方會犯規，在這樣的大前提下爭取好成績。很遺憾的是，中國短道速滑隊很長一段時間都沒有風險意識，連著三屆冬季奧運會吃虧。所幸最終她們懂得防範韓國隊惡意犯規的風險，學會在比賽中保護自己。

關於防範風險的例子還有很多，受限於篇幅我就不再列舉。總之，如果我們能夠有很好的風險意識，就會採取完全不同的做事策略，這樣成功率就會大很多。

我每次跟商學院的學員講投資之前，都會先強調風險意識，因為任何好的投資都要建立在控制風險的基礎之上。講完風險意識，接下來就可以談投資了。

投資入門課

對於「投資」這兩個字，大家都不陌生。絕大部分人不論有多少錢，總是希望自己能夠用「錢」這種資源盡可能獲得一些回報，因此不論是否有起碼的投資常識，都身不由己地參與了各種投資。近代以來，不論世界是和平還是戰爭，是發展還是停滯，永遠有人會參與投資，也永遠有大量的人因為缺乏投資知識，讓自己辛辛苦苦存下來的一點錢被騙走或者輸得精光。很多人即使不輸錢，投資報酬也低得可憐，以至於白白浪費「錢」這種資源。因此，每個人或多或少都應該學習一些投資的知識。

除了用錢賺錢，學習投資的另一個原因是為了在生活中用理性的態度、量化的方法看待、處理各種事情。此外，對我自己來說，在投資的過程中還學到了很多人生的智慧，這個收穫有時比經濟上的回報更有意義。首先，我們談談關於投資的三個基本問題。

投資的行為要圍繞目的進行

投資之前先要搞清楚投資的目的是什麼。大部分人會說是為了發財或者為了報酬，這是一部分人的目的，並非所有人的目的。很多人，尤其是歐美歷史悠久的大家族，投資的第一目的是為了保證財產不受損失。約翰．甘迺迪總統的父親老約瑟夫．甘迺迪是美國歷史上非常成功的投資人，他說：「為了保住我一半的財產，我願意放棄掉另一半。」這說明保值對那些大家族的重要性。還有一些人，投資只是為了情懷，這種人雖然少，但還是有。當然，也有一些人投資是為了博得名聲。這四種不同的人，目的不同，採用的策略也會完全不同。

我有一個朋友，年輕的時候很幸運賺夠了一輩子的錢，她的目標就是保證自己這輩子以及兩個孩子將來衣食無憂。於是高盛幫她算了一下，只要每年報酬百分之五，就能做到這一點，因此她把幾乎所有財富都放在美國國債和州政府的債券上。對她來說，任何高風險、高報酬的投資都無益於實現這個目標。反過來，一個薪水族希望透過投資獲得財務自由（我後面會說，這幾乎是不可能的），顯然就不能採用這麼保守的投資方法。同樣的，一個基金會想讓財富維持下去，也不能採用這麼保守的投資方式。

投資交學費，永遠賺不了錢

但是，不論投資目的有多大差別，保守也好，激進也好，有一點是相同的，就是要用錢來賺錢，而不是拿自己的錢沒完沒了地交學費。這種行為說得好聽點是貢獻給國家，說得不好聽就是丟水裡或者自作孽。如果一個人投資很多年，總是不斷告訴別人「交學費是必要的，因為只有這樣將來才能賺到錢」，那他必須審視一下自己的行為是否已經違背了當初的目的。

做了大約二十年的投資（包括用我自己的錢投資以及管理基金）和對周遭人的觀察，我發現一個現象，雖然很多丈夫抱怨妻子在買衣服和化妝品上亂花錢，但是其實他們每年浪費的錢一點也不比妻子少。當然，那些錢沒有用於買衣服或者其他物品，而是用於「投資交學費」了，而且常常一交就是十幾年。當然，有些人會說，我也沒有交學費，只是股票沒有怎麼漲。這種說法不對，如果兩年前投入一萬元，今天還是一萬元，就是交學費了，因為隨便採用一種最簡單的策略（比如存銀行或者買國庫券），都能得到更多的錢。中國股市大家都不喜歡，因為覺得總是不漲。但是，如果你在一九九〇年中國人剛開始玩股票時買了股指基金，當時的一元今天（二〇一七年）就變成三十元了，年均報酬超過百分之十三，加上股息能有百分之十四～十五，不僅遠遠超過美國股市，也比中國房價上漲的平均幅度要高。但是，我相信從那個時間就開始投資的老股民，沒有幾個能獲得這個報酬。事實上，在全世界任何國家、任何時期投入的股民，很少有人能做得比大盤更好。如果投資做成這樣，就只能說他們忘掉了投資的目的：賺錢而不是交學費。

薪水族是否能靠投資獲得財務自由？

在牢記投資目的的同時，我們還要制定可行的目標。這個目標如果定得不合適，就會適得其反。就如同一個能扛一百斤重量的人，到健身房非得要舉兩百斤的啞鈴，除了讓自己受傷以外沒有什麼好處。根據全世界資本市場幾百年的資料，年均報酬率能夠做到百分之八就不錯了，除了英國和美國市場，幾百年來世界上好像還沒有哪個國家能做到這一點。此外，每個國家經濟剛剛開始起飛的三十年，是資本報酬比較高的時期，今天全世界除了越南等少數幾個國家，已經找不到這種處女地了。因此把年均報酬定在百分之八，已經是非常冒險的事了。即使能夠做到這一點，二十年後一個薪水族是否能做到財務自由呢？做不到！

我們不妨簡單算一算。假如一個人現在三十歲，年收入是十萬元，每年拿出兩萬元投資（這個比例已經不低了），每年通貨膨脹率為百分之三（實際通貨膨脹率可能超過這個數字），而他的收入增長每年也是百分之三，投資也按照這個比例增加，每年的報酬為百分之八。那麼二十年後他的財富積累按照今天的物價算可以達到六八．三萬元（這個數字及以下的數字都是扣除通膨因素，折算回今天不變價之後的數字），其中四十萬元是他的本金，二八．三萬是報酬。這樣的投資已經算非常好了，但是今天擁有六八．三萬元的資產顯然不能讓只有五十歲左右的人退休。如果在股市上胡亂炒作，每年的報酬只有一半，即百分之四，會是什麼情況呢？折算成今天的價錢，是四四．三萬元，扣除四十萬元的本金，投資報酬只有四．三萬元，這連老老實實投資報酬的零頭都沒有，平均每年糟蹋兩萬元左右，可能比妻子買衣服和化妝品花的錢更多。

我觀察周圍的人大約二十年，很多過得吃緊的家庭都有一個愛這樣糟蹋錢的丈夫。如果再考慮到胡亂炒股浪費的時間，以及對家庭和自己工作的負面影響，這個損失要大得多。

如果投資的目標是養老，我們還是按照上面的策略來進行，只是時間持續三十年，而不是二十年。那麼三十年下來你的財富將變為一三六萬元（也是扣除通膨因素後折算回今天的數字）。假如今後還是做同樣的投資，按照今天每年十萬元的生活標準，恭喜大家已經財務自由了，不過也到了六十歲快退休的年齡。也就是說，這種穩健的投資策略完全可以讓一個哪怕在職場上表現一般的薪水族，到六十歲時過上衣食無憂的生活。當然，如果你想提前十年達成這個目標，不能靠投資，而要靠事業發展了。

投資的工具

全世界可以投資的東西非常多，但是可以做為投資賺錢工具的主要概括成六類：

一、上市公司可流通的股票（不包括難以流通、專門賺股息的優先股）

二、債券（包括國家政府的債券、地方政府的債券和企業的債券）

三、不動產（包括房產、土地等）

四、未上市公司、風險投資基金（含天使投資和私募）

五、金融衍生品（比如人壽保險）

六、高價值實物（比如黃金、藝術品）

選擇投資對象的原則

大部分人通常只想著報酬，這當然是最重要的考量指標，但是在報酬的背後，還要考慮風險。我們在上一篇談了很多關於風險的事情，相信大家已經有了風險意識。總括來說，風險低的投資，報酬肯定不會高，但是風險高的，報酬未必高。很多基金經理鼓吹什麼低風險、高報酬的投資，那是天方夜譚。在金融學上有一個夏普指數，是由諾貝爾經濟學獎得主威廉·夏普（William Sharp）教授提出來的，是一個綜合考量報酬和風險的量化指標，其計算公式如下：

夏普指數＝（投資報酬－無風險報酬）÷波動性的標準差

其中無風險報酬可以理解成銀行存款或者國庫券的報酬。夏普指數越高越好，代表投資相對而言報酬高、風險低。下表是幾個國家股指基金的夏普指數（最近十年，考慮了匯率）。

從表格中大致可以看出，美國的股市表現最好。但是可能出乎你預料的是，中國居然排在第二位，雖然大家都覺得中國的股市像雲霄飛車似的。德國排在第三位，這似乎也和各國經濟整體情況一致。從表格中還可

各國股指基金的夏普指數

股指基金	夏普指數
美國標準普爾 500（SPY）	0.47
中國新華指數（在海外上市的公司指數）（FXI）	0.22
德國德交所指數（EWG）	0.20
新興市場指數（EEM）	0.16
全球股市指數（DGT）	0.16
法國興業指數（EWQ）	0.08
日本日經指數（EWJ）	0.06
英國金融時報指數（EWU）	0.05

以看出，股市的風險其實非常大，在十年的範圍內，即使是美國股市，波動性（夏普指數公式中的分母）也幾乎是報酬的兩倍；中國和德國情況類似，波動性是報酬的五倍左右，難怪大家感覺像坐雲霄飛車。至於其他一些已發展國家，過去十年的股市幾乎沒有報酬，只有波動性。

除了報酬和風險，投資時還必須考量兩個重要因素：流動性（liquidity）和准入成本（overhead cost）。

什麼是流動性？就是投資隨時變現或者現金可以隨時投資的便利性。比如存款的流動性是最好的，股票次之，債券（比如國庫券）又次之。中國房市在過去幾年雖然報酬不錯，但是這種投資的流動性就比較差，因為我們不可能明天需要用錢，今天就能把房子賣出去兌現。至於風險投資就更差了，通常要鎖定七～十年不能贖回。

什麼是准入成本？投資人買股票要交手續費，這就是准入成本。當然，股票的准入成本並不高，買賣黃金交的錢比例就高很多，在中國，每一克黃金買賣差價有好幾元，這就是准入成本。而買房子要交手續費和稅費，准入成本就更高了。至於在拍賣會上買收藏品，通常手續費是百分之十五，甚至更高，相比其他投資更是高得不得了。而且等你賣掉那些資產時，經常還要再交一次手續費，那也要計入准入成本。假設一種投資的准入成本是百分之三，看起來不是很高，但是如果報酬只有百分之八，那麼實際上一小半收益都給了仲介。此外，除中國以外幾乎所有國家，股市投資的利潤往往需要交很重的所得稅，而投資的虧損抵稅卻有限，這又是一種准入成本。

確定了投資的目的、手段和對象後，還需要了解投資的一些盲點，這樣投資的效果才能有基本的保障。

投資的盲點

投資大師巴菲特一直強調長期成功的投資，關鍵不在於是否把握了多少次機會，而在於是否能少犯錯誤。投資總是和逐利共存，逐利之所就難免有很多陷阱和盲點，了解它們就可以有效地規避風險、避免損失。以下就是一些投資上常見的盲點。

盲點一：貴重金屬是好的投資

很多人認為，買黃金（或者其他貴重金屬）是好的投資。在過去幾百年裡，這個論點非常少成立。從長期來看，購買貴重金屬不僅不是好的投資，而且扣除通貨膨脹後還會虧錢。一七九二年，華盛頓第一個總統任期結束時，黃金的價格是每盎司（約二十八公克）一九．三九美元；現在（二〇一七年八月三十日）是每盎司一三〇二美元，二百二十五年才漲了六十五倍，年均報酬率連百分之二都不到，遠遠低於百分之三的通貨膨脹速度。如果我們的祖先在兩百多年前買下黃金，今天的實際購買力只有當年的十分之一左右。同樣的，白銀等其他貴重金屬也不是什麼好的投資。二十世紀初，貝聿銘家的叔祖顏料大王貝潤生花了九千兩銀子買下蘇州獅子林，今天九千兩銀子在蘇州買不起一間普通的住宅。也就是說，如果持有白銀，到今天相對貶值得很嚴重。

為什麼貴重金屬不是好的投資呢？不是常說物以稀為貴嗎？簡單來說，貴重金屬和人類創造財富沒有什麼關係。上一篇中我們講到股票會不斷升值，因為它反映了社會創造財富的能力。同樣的，買債券可以獲得利息，因為使用資本創造財富的人為了擴大自己的生意，願意付錢給提供資金的人。北上廣深的房子會升值，也是因為符合幫助創造財富的特點，但是貴重金屬沒有這個特點。

貴重金屬可以細分為兩種，一種是除了做首飾之外幾乎沒有任何工業用途的黃金，它在過去具有貨幣的功能，但是今天這個功能已經消失，只是做為儲備貨幣。黃金雖然產量不高，但是產值的增幅並不慢，甚至很多年高於全球 **GDP** 的增速。今天，黃金在金融上最主要的用途是避險，在金融危機和戰亂時，它升值很快，平時卻沒有多少人關注它。投資黃金的另一個問題是保存，家裡放一堆黃金很不實際，如果在銀行租一個保險箱來存放，不僅每年沒有升值多少，還要支付不算太少的保管費。一些基金公司為了方便大眾投資黃金，弄出了和黃金掛鉤的 **ETF** 基金[27]，成為紙面上的符號黃金。不過，要是真的遇到戰亂或者大災荒，紙面上的黃金根本沒用，因為那時可能基金公司都倒光了，根本無法兌換現金。

另一種貴重金屬有工業用途，包括白銀、鉑（也稱為鉑金）和鈀。它們的價格會隨著通貨膨脹而上漲，但是整體來說增長很慢，因為隨著技術不斷進步，原物料在產品中的價格占比越來越

27　即交易型開放式指數基金，又稱為交易所交易基金。

低，技術的占比越來越高。和貴重金屬呈現類似價格模式上漲的，還有很多大宗商品，它們雖然有抗通貨膨脹的作用，但是相對 GDP 的增長則是緩慢的。當然，在短期內，無論是貴重金屬還是大宗商品，價格的波動都很大，這讓很多人覺得有機會「賭一把」，最終投資就變成了賭博。對散戶來說，輸的可能性遠遠大於贏的可能性。當然，有人可能認為那些操縱市場的莊家能贏，事實上，只要賭多了就沒有贏家。一九七〇年代美國排名前十的富豪之一亨特兄弟試圖控制全球流通的白銀，並且成功地將白銀的價格由每盎司六美元炒到了近五十美元，但是依然輸掉了人類歷史上最大的貴重金屬豪賭，最終宣布破產，成為少數僅經歷一代就由富豪變成一無所有的人。

既然我們要做的是投資，是要透過經濟增長獲得確定的回報，那麼就要遠離賭場。

盲點二：專業人士理財一定比自己做得好

二〇〇四年，威廉．夏普在谷歌為我們上第一堂投資課程時，說的第一件事情就是要大家解雇自己的理財顧問。這位諾貝爾獎得主提出了三個理由。

第一，理財顧問實際上遠不如大家想像的聰明、有判斷力。

事實上，任何在媒體上講市場趨勢的人，有一半情況都是錯的。要知道，世界上最糟糕的預測不是百分之百錯，而是錯一半，因為前者反過來用還有價值，而後者從資訊理論的角度來看毫無意義。很多人認為，專業人士可以獲得更多的資訊，有更強大的資訊分析工具，因此一定比個人做得好。但市場是一個非常複雜的回饋系統，大機構的任何行為（無論是購買還是出售一種有價證券）都能讓市場朝與期望值相反的方向走（比如某大基金要買一檔股票，剛開始買時，這檔股票會上漲，使得付出的成本高於原來的期望值）。在美國，百分之六十五的基金，當年的報酬率都低於標準普爾五百指數；五年報酬率和十年報酬率低於標準普爾五百指數的基金，比例更是高達百分之七十九和八十一。如果敵不過那些機構，不是它們做得好，而是你做得太差。

第二，管理基金的人和投資的人有利益衝突。

大家只要看看他們買的別墅和保時捷，就知道那些錢都是從大家口袋裡掏出來的。

專業機構的收費其實非常高，在美國，資產在一百萬美元以下的客戶，每年股票的共同基金管理費一般是百分之二以上，對沖基金則更高。

在中國，這一類的費用其實比美國高。不要小看每年百分之二的收費，如果股市平均每年報酬是百分之八，四十年總報酬是二〇．七倍。但是如果每年被基金經理拿走百分之二，年均報酬變成百分之六，四十年的總報酬只有九．三倍。也就是說，基金經理拿走的錢比投資人還多。

第三，市場是非常有限的，即使存在少數的基金表現良好，也很快會有更多的錢湧入那個基金，使得價格上漲，導致背負了一個巨大的分母而表現變差。

在美國，任何一個有金融或者投資專欄的報紙或者雜誌，常常每年評出上一年度報酬最高的股票和共同基金，而那些榜單每年的變動是相當大的，很少有基金能連續幾年出現在榜單上。有人可能會說，巴菲特的波克夏公司（實際上是一個基金）近半個世紀來表現一直很好啊。確實如此，但是該公司正是因為長期表現良好，特別是在二〇〇八年金融危機之後非常受大家認可，所以它的股價陡升，這也意味著它今後很多年的成長空間被擠壓殆盡。實際上，從上一次金融危機過去之後，即二〇〇九年之後，它這八年的報酬和標準普爾五百指數就差不多了。

夏普不僅是從理論上分析，也包含他自己幾十年來在金融市場看到的實際表現。在谷歌也有一批工程師為了驗證這件事，用真金白銀做了很多實驗，並且和高盛、摩根士丹利等專業團隊的投資結果進行比較。事實證明，工程師使用很簡單的投資策略，完全可以比那些專業團隊做得好。而這些工程師成功的關鍵不在於戰術，而在於恪守一些簡單的投資準則。

盲點三：在股市上花時間研究得越多，報酬就越高

很多人投資報酬不夠高，就認為是自己努力不夠。其實，很多人的方法根本就有問題，越是努力，越是經常交易，報酬越差。要知道，在過去兩百年左右，散戶在股市上獲得的平均報酬只有約百分之二，遠遠低於股市增長的平均值。這些散戶花的時間不可謂不多，很多人學習金融知識不可謂不努力，但是他們帶著投機的想法，總是自認為比其他人高明，最後卻是竹籃打水一場空。倒是有些人像傻子一樣投資，反而比那些股市上的「模範生」效果好。

盲點四：只要有人買股票就會不斷漲

很多人喜歡買受人追捧的股票，即使那些股票的價格已經高得不合理了，他們仍相信會有人在他們之後接手。實際上，購買和持有這種股票如同玩擊鼓傳花的遊戲，鼓聲往往會在花傳到你

手上時停止。《漫步華爾街》（*A Random Walk Down Wall Street*）的作者柏頓．墨基爾把這種投資稱為「建立在空中樓閣上的投資」。通常在股災之前，接手那些價格早就超過價值許多倍的股票的人，往往是無知者無畏的新手。因此，約翰．甘迺迪總統的父親、美國第一任證券交易委員會主席老約瑟夫．甘迺迪才會說，當他聽到擦皮鞋的鞋童都開始兜售股票經時，就知道離股災不遠了，但是今天依然有很多人在重複過去的錯誤。

盲點五：哪怕我買的股票虧錢，只要我不賣，就沒有損失

這種人是「鴕鳥」。擁有股票的人，相應的財富取決於它當下的交易價格，而不是當初購買的價格。股票真實的價值並不因為當初購買價格高就會比今天高，更不因為你購買的價格高，就會漲回當初購買的價格。

股市的指數，比如美國標準普爾五百指數或者中國的上證指數，下跌之後總有漲回來的一天，但是對於單檔股票，這個規律就不一定了。一支不斷下跌的股票必定有下跌的原因，當一檔股票下跌百分之五十，就需要漲百分之百才能回到原來的價錢。從長遠來看，一間公司最後難免要倒，單檔股票早晚要歸零。百年前道瓊工業指數的成分股公司，今天只剩下奇異公司還存在。即使像英特爾或者Cisco這樣技術領先、經營良好的公司，今天（二〇一七年）的股價也沒有回到二〇〇〇年的水準，而它們的那斯達克指數卻不斷創新高。這個情況也很容易解釋，如今產業的變遷使它們的黃金時代過去了，可能永遠回不到當初的輝煌了。

盲點六：一毛錢的股票很便宜

很多人喜歡買特別便宜的股票，因為花不了多少錢就能買一大堆。其實，一毛錢的股票未必比一百元的更便宜，波克夏的股票二十四萬美元一股（二〇一七年大部分時間的價格），也未必更貴。這不僅要看公司發行了多少股，還要看公司的盈利能力和成長率等許多因素。購買一毛錢股票的人，就如同拿兩張人民幣換一堆過去的辛巴威幣或者今天的委內瑞拉貨幣一樣，雖然你面前堆了一大堆紙，但是它們不值錢。至少在美國，〇．一美元的股票跌到〇．〇一美元的情況，比漲回到一美元的情況要多得多。巴菲特對這樣的股票還有一個生動的比喻：菸蒂。即被人吸完扔到地上的菸頭，看起來不要錢，但將之撿起來，根本吸不了兩口。

相信大家了解這些盲點後，投資會更理性。不過，我將上述內容在一些媒體上刊登後，發現還是有很多人搞不懂這些基本道理。當然，這也讓所有理性投資者有更多的賺錢機會，畢竟扣除經濟上漲的因素，投資本身是零和博弈。

以投資目的為中心，進行資產配置

在前幾篇中，我們介紹了投資的一些概念，有了這些概念和常識後，就可以討論一些操作層面的事情了。

如果投資是為了長期穩定地增值，那麼投資的效果主要取決於資產的配置而非選擇哪一檔股票，或者把握哪一次投資機會。為什麼這麼說呢？我們不妨看看投資一檔股票成功與失敗對整體結果的影響，我按照三種投資策略來分析。

一、將全部資產押在一兩檔股票或者一種投資上

比如貸款買了很多房子，這種情況和賭博差不多，雖然在短期內有很大的機率讓資產的價值暴漲，但是世界上幾乎沒有什麼公司能做到長期穩定增長而不經歷大幅下跌的。雖然一些公司的股票從較長的時間來看，整體處於增長狀態，但是在任何時期都存在短期暴跌的風險。比如二〇〇〇年微軟打輸了反壟斷官司後，股價瞬間腰斬（在美國股市上沒有跌停一說），直到十五年後，即二〇一五年，微軟的股票才恢復到當初的股價。在二〇一〇年五月六日那一天，股價一直

很穩定的道瓊成分股寶僑公司的股價在瞬間暴跌了百分之三十七，同時也帶動整個股市瞬間下跌百分之十，其中的原因至今仍沒有查明（見下圖）。如果有人利用槓桿買了寶僑公司的股票，他會當場被平倉出局。也就是說，單檔股票價格的波動性很大，或者說風險很高。

另外，由於單檔股票不可能永遠上漲，因此你必須在適當的時機脫手賣掉，而這個賣點非常難選擇。我曾經在百度、臉書和Tesla上市時購買過它們的股票，今天大家一定覺得那是不錯的投資，從它們帶給我的報酬上來看也確實如此。但是，我賣出這些股票的價格都分別不到今天（二〇一七年）的百分之三十三、七十和五十，也就是說，即使看準了公司，在第一時間進場，也難以最大限度地獲利。因為出於降低風險

二〇一〇年短期股災時，美國標準普爾五百總市值變化曲線

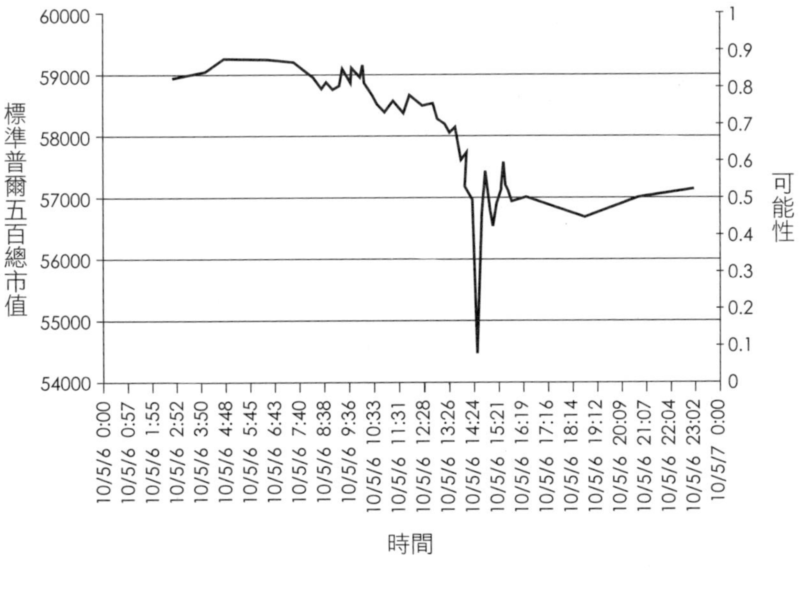

的考量，我們不會像持有指數基金那樣，永遠持有單檔股票。

二、某一檔股票占資產的比例特別小

很多人想做點股票交易，看看自己「炒股」的水準，但是又怕虧錢，因此每次買很少的股票玩玩，這種做法實際上是浪費時間和交易手續費。我的一個朋友將資產的百分之〇．五拿來買了十幾檔股票，說要看看自己是否能有巴菲特的本事。我告訴他這件事一點意義也沒有。假如他真的投對了（或者說蒙對了）一檔股票，兩年漲了十倍，平均每年複合增長百分之三一六，這算是很好了吧，但由於這檔股票占他全部資產的百分之〇．五以下，因此他資產的收益不過增加了百分之一．六左右而已。更何況這種事情不會年年都遇上。我在百度IPO時，和高盛說希望認購一大筆，但是最後抽籤分到我手上的只有一百股（相當於今天的一千股），儘管它的股價在短期內漲了十倍不止，但是對我的資產貢獻可以忽略不計，因為占比太小了。況且這樣的IPO也不常見，即使有，一般中小投資者也未必能夠分到一股IPO的股票。如果想在二級市場上找到這樣一支股價兩年增長十倍的股票，不知道要花多少時間。事實上，中國不少概念股在美國上市，幾年後的價格還沒有IPO的時候高。因此，有這些在股市上當模範生的時間和精力，不如把自己的本職工作做好，或者休息休息，陪陪家人和孩子。

三、自己選若干檔股票構成自己的投資組合

如果運氣好，選了二十支還不錯的股票，最後的投資報酬可能相當於指數基金。如果對比一下美國道瓊指數（只有三十檔股票）和標準普爾五百指數的走向，會發現兩者之間的關聯性高達百分之九十九。也就是說，如果選有代表性的股票，少數幾檔股票組合和幾百檔股票組合的指數最後結果差不多。既然這樣，何必自己花時間做那些不專業的股票研究呢？大部分炒股的人連基本金融知識都沒有，看不懂財報，更不了解《公司法》和《證券法》，選擇股票完全靠自己的好惡和從朋友那裡得到的小道消息，再加上頻繁交易付出很多手續費，幾年下來超過指數的可能性非常小。散戶投資者，只有百分之五的人表現超過指數，有百分之六十的人在虧錢。

從以上這三種情況可以看出，即使選對一支或者幾檔股票，也未必能夠帶來長期穩定的財富增長，因此投資應該從一開始就放棄這種自己選股的想法，反而應該立足於透過投資獲得長期複合增長的報酬。要做到這一點，首先，要找到能夠受益於經濟增長的「工具車」（vehicle）。比如說，股票整體上是分享經濟活動所創造的價值，而債券也會對資本帶來一定的報酬，因此無論是股指基金還是債券，都是好的投資工具。其次，在股市低迷的時候，要有錢能夠買入股票；在股市高漲的時候，要知道拿回多少利潤。懂得這兩條，即使是傻子做投資，也差不到哪裡去。最後，要根據個人情況制定一個合適的目標。比如，有些人有閒錢可以放在那裡三十年不動，而有些人五年後要結婚需要用掉一大筆錢，這兩類人在投資時要考慮的因素肯定不同，目標也不同。

再比如，有些人對風險的承受力較高，有些人資產少了百分之五就睡不著覺，那麼他們投資的方式也會不同。

綜合考量了這些因素後，我對大多數人提出下面這些建議。

一、澈底忘掉那些不適合自己的投資工具

比如在〈投資入門課〉中提到的後三種投資工具，即風險投資基金、金融衍生品和高價值實物。大部分人不用考慮，因為這些不適合一般老百姓。當然，你要是喜歡一條金手鏈或者一幅畫，買來使用、欣賞當然沒有問題，但這不屬於投資。

二、有能力還是要買房

對於年輕人來說，如果決定在一座城市長時間居住，並且有能力買自住房（不是投資房），還是應該要買房。雖然很多一線城市房價非常貴，但是大家首先要考慮的是房子的使用價值，而非它的投資價值。

很多人一直在等房價下跌，或許五年後能夠等到，但是如果因為這樣讓自己的生活品質下降就不划算了。不過，如果現在沒有能力買房子，也不要為了買而買，最後讓自己以及家人都負債累累，生活品質反而下降。

三、不要炒股，購買指數基金即可

除去住房和其他不適合老百姓的投資手段，就只剩下兩種了，即股票和債券。股票的好處是可以獲得長期增值的機會。雖然中國現在的股市秩序不太好，中小投資人在過去十年裡沒有從股市獲得什麼好處，但是，綜觀全球幾百年的歷史，它依然是好的投資工具。當然，根據前面的分析，絕大多數人只要考慮那些交易成本極低的指數基金即可，不要亂炒股。從前面三點的分析可以看出，盲目炒股即使碰上一支好的股票，對長期投資的報酬也不會有太大的幫助。

四、國庫券是唯一的債券投資工具

當投資工具只剩下股票和債券兩種之後，資產配置的策略其實就一目了然了。首先要選擇一個過去表現比較好的指數基金投資。雖然所有投資人都會說，「過去的表現不等於未來的收益」，但是過去長期表現不好的基金，以後表現好的可能性幾乎是零。中國股市有一個名詞叫做「黑五類股票」，即小股票、差股票、題材股、次新股、偽成長股。對於後四類要堅決遠離，至於第一類，如果是新公司，規模小倒不可怕，如果幾十年如一日，從來沒有產生什麼利潤，也沒有長大，那就要遠離了。找好股票的指數基金後，接下來就是選擇一組好的債券。由於中國地方債券和企業債券（以理財商品的形式出現）沒有嚴格的評級，因此國庫券是幾乎唯一的債券投資工具。

五、根據收入、風險承受力和時間分配資產

每個人應該根據自己的收入情況、對風險的承受力和用錢的時間，按比例將資產分配到股票和債券中。比如，年紀比較輕、平時不需要花錢、投資就是為了養老的人，將百分之八十的錢以指數基金的方式投資都不算冒險。剩下的百分之二十，除了留百分之五的現金外，其餘的可以放到國庫券中。但是，如果已經五十五歲，準備五～十年後退休養老，就不能這麼投資了。因為股市的衰退期可以長達二十年以上，美國股市在一九二九～一九三三年經濟大蕭條後，經過了三十多年才恢復到當初的水準；二〇〇一年那斯達克崩盤後，二〇一六年才回到當初的水準；而日本在一九九一年經濟衰退後，股市至今沒有回到當時的水準。因此，不能等自己準備用錢時，才發現無錢可用。對於老年人，投資反而需要穩當。同樣的，對於過兩年就要結婚或者買房的年輕人，千萬不要抱有在股市上撈一筆解決頭期款的想法。專業的運動員都知道，在壓力下，動作會僵硬。

六、每年微調一次投資組合比例

如果大家在股市投資上運氣比較好，投資組合中股票這部分收益的比例將遠遠超過債券（和現金）的比例，比如我們最初設定七：三，現在可能變成八：二了。這時大家需要拿回一部分股票的收益，而不是跟著不理性的股民在股市上一路狂奔。想要提醒大家的是，當我們走好運時，

一定要感謝上帝，不要感謝自己；相反的，當股市大跌時不要割肉，這時候原先的債券或者現金就發揮作用了，應該用現金或者債券兌換成現金買入股票，以便維持當初設定股票在投資組合中的比例。這樣其實是用比較便宜的價格在投資。當然，每次交易都有成本，這種投資組合的微調每年一次就夠了。微調的目的就如巴菲特所說，「別人貪婪時我恐懼，別人恐懼時我貪婪」。

任何人只要能做到以上簡單六項，就不愁獲得豐厚的長期回報，而且可以比絕大多數專業機構做得好。

第九章　好好說話

語言能力是我們的祖先現代智人與其他人種區別最明顯的特徵之一。人類文明的發展在很大程度上就是通信技術和方法不斷進步的過程。透過語言交流想法的能力高低，在很大程度上決定了一個人能否成功。

講話做事都要達到目的

我聽過一個笑話。有個牧師對上帝非常虔誠，一生都在努力傳教。一天，他坐上一輛計程車前往目的地。那個計程車司機開車不僅野蠻，而且毫無章法，超速、闖紅燈、逆行，嚇得牧師一路祈禱。不過，牧師的禱告好像沒發揮作用，最後司機因為和火車搶道被撞翻了，車毀人亡，牧師和司機都去見上帝了。

到了天堂，使者聖彼得指著一座巨大的豪宅和司機說，這是你的房子；然後指著一個又小又破的房子對牧師說，這是你的。牧師非常委屈地對聖彼得說：「聖彼得啊，這不公平啊。我一輩子規規矩矩地侍奉上帝，努力傳教，你就給我這樣一間破房子。這個司機一路上都沒守過規矩，闖了無數的禍，最後把我們都帶到這裡來了，你卻給他這麼好的一間房子。」

聖彼得回答：「你雖然一輩子在傳教，可是每次你在教堂裡講道時，聽眾都在睡覺，而坐他車的人總是在祈禱。」

這個笑話我是在二十多年前聽到的，當時就引起我強烈的共鳴，因此記憶猶新。聽完這個笑話之後，我首先想到的是演講能力的重要性。我們在做報告或者演講時不是自言自語，而是在進行一對多的資訊傳播，目的是讓聽眾接受我們傳遞的所有資訊。但是，很多人忘記了這個目的，只考慮怎麼把自己想說的話說完，而根本不考慮聽眾是否聽進去了。笑話裡的那個牧師就是如此。

不會演講的人除了忘記講話的主要目的，還常常會犯以下三個毛病。

一、沒有針對不同聽眾講不同的話

不管聽眾是誰，都用同一種講法。有的人用同一篇演講稿、同一個PPT，以相同的演講方式，在不同的場合可以講上一年。這樣即使演講內容本身很好，但是因為沒有針對聽眾程度調整內容，也沒有根據時下大家關注的話題進行調整，聽眾要嘛聽不懂，要嘛提不起興趣，最後話是講了，效果卻不佳。

我一般在演講前都會先問清楚聽眾群是誰、知識背景如何，然後根據聽眾的特點做不同的準備工作。即使是相同的主題，對不同的人內容也會有所改變，講法也完全不同。比如，我做技術報告時，大致會將聽眾分為四種：企業高層、創業者和一般從業員、大學老師和學生、政府官員。

由於他們聽講的目的不同，專業背景與知識水準不同，認知水準也不同，因此同樣以《超級智能時代》為主題，我講的內容會有很大差別。對於比較了解基礎知識的聽眾，我在介紹背景知識時就會非常快；對於那些平時不接觸這個議題的聽眾，就要把基本原理講清楚，而不是試圖灌輸他們太多內容。另外，針對不同行業的人，也要做不同的調整。在不同的時間可能要用不同的例子，讓大家感覺內容很新鮮。

二、試圖在有限的時間裡講完更多內容

今天大部分人所犯的毛病不是講的內容太少，而是太多。要知道，在一定的時間內，比如一個小時裡，能講多少內容不是取決於演講者準備了多少、語速的快慢，而是取決於聽眾接受的速度以及專注的程度。講得枯燥大家固然無法專注，就算講得生動有趣，聽眾全神貫注，但接受一個新的事物，總是要花時間理解，這個理解的速度就是瓶頸。

很多人在演講時準備了很多內容，一看時間快要講不完了，就提高語速，試圖把自己準備的內容盡快塞給聽眾，這時聽眾的接受程度就會變差，反而能接受的內容更少了。還有很多人習慣性超時，廢話連篇，十分鐘可以講完的內容一定要說十五分鐘，聽眾聽到後來其實已經不耐煩了，最後替他鼓掌表達的是「謝天謝地，這個人總算下去了」，而不是對他的分享表示感激。超時不僅無法傳遞出更多的內容，反而會給聽眾留下壞印象。

任何演講者都不要指望一次能夠講清楚十件事，如果能把一件事講清楚，目的就達到了。我做報告時，演講要點一般不會超過三項，超過三項大家根本記不住。因此我對那些什麼「一百個祕訣」、「十八個方法」、「三十六個最佳」之類的書或者文章，從不認為有太大用處。不僅是因為大家記不住，而是那麼多的內容要嘛狗尾續貂，要嘛自相矛盾。

三、嘩眾取寵，危言聳聽

很多人不在內容的品質上下功夫，只靠笑話和八卦拼湊內容，靠耍嘴皮子吸引聽眾。聽眾聽的時候可能挺高興，聽完以後除了一兩個笑話，什麼都沒記住。這種人以後再演講，大家就不會感興趣了。還有人在演講中講了一堆大話、空話或者煽情的話，動不動就喊口號、嚇唬人，嘩眾取寵。但是他們所講的事情前後矛盾，邏輯不通，不僅目的達不到，反而留下笑柄。

對大眾演講時不僅要有目的，並且要盡可能達到目的，我們平時和周遭人溝通也應該如此。很多人講一件事情的時候，覺得講完了、告訴別人了，就沒事了，卻忽略了對方可能根本沒有接收到訊息或者收到訊息後忘記的情況。很多時候，人與人之間吵架就是由這樣的無效溝通引起的。比如，張三說：「我不是告訴你該如何如何嗎？」李四說：「你講了嗎？我沒聽到啊！」這種情況並非其中一個人說謊，而是張三在講話時，根本沒有注意到李四沒有專心聽。張三話講完了，就自以為李四接收到自己所表達的訊息。有時你還會看到這樣的情景，張三找到一個證人證明他講過什麼話，然後說：「你看，王五能證明我說了這些話。」這樣一來，張三似乎證明了自己沒有犯錯，責任在李四。但是，儘管如此，他和李四溝通的目的還是沒有達到，因為李四確實沒有聽到，或者沒有聽進腦子裡。這樣的溝通又有何意義？

任何人講話，都有責任保證訊息按時、準確地傳達給對方，而對方確實明白了他的意思。在現代任何通信協議中，凡是發送了一條訊息，都必須收到接收方的確認才算通信完成，而不僅僅是把訊息發送出去就可以了。雖然我們在生活中不需要像現代通信那麼精確，但是確認對方收到你的訊息，並且理解你的意思（而不是產生誤解），是人與人交往的基本技巧。

不要為了苦勞和辛勞，斷送了功勞

如果再深入思考前面講的那個牧師的笑話，我們不僅講話要達到目的，做任何事情都應該如此，而不是僅僅滿足於交差了事。中國有一句俗話說，「沒有功勞還有苦勞，沒有苦勞還有辛勞」，這種態度要不得。

職場上有時會見到這種現象，比如，主管交代某個人去和客戶聯繫，約定一個時間見面。接下來的幾天，如果主管不去問他，他也不會告訴主管結果。等到某一天主管又想起這件事來問，他才說：「哦，打了兩次電話沒有人接。」或者「發了郵件和微信給他，對方沒有回。」這個接受任務的人就有問題，既然接了任務，並非按照要求採取行動就算做完了，而是要達到目的。電話沒打通，郵件沒有回，就要主動想別的辦法，而不是用「沒有功勞還有苦勞，沒有苦勞還有辛勞」為自己開脫。

笑話中的那個牧師，他的苦勞連上帝都不喜歡。我們在生活中也好，工作中也罷，如果做事僅僅只有苦勞和辛勞，不僅上司不會滿意，周遭的人也不會覺得可靠。我有一次委託合作單位的人幫我訂火車票，經辦人訂票時把我的證件號碼搞錯了，也沒有確認能不能拿票。等我到了取票窗口，不僅不能取票，而且因為票已經售完，想再花錢買也辦不到了。好在上海高鐵站旁邊是機場，我馬上買了一張機票走了。事後告訴經辦人這件事，經辦人一再向我道歉。這種只有苦勞的人實在讓人哭笑不得，但我通常不會再要他們辦事了。在工作中，很多人會有這樣的疑問，一些重要的、能出風頭的任務為什麼主管交給了張三，卻沒有交給李四，通常原因就是給了張三，大家最後都能分享功勞，而給了李四，李四會因為自己的「苦勞和辛勞」斷送了所有人的功勞。因此，我們平時寧可少做點事情，讓每件事情都產生應該產生的效果，也不要為了完成任務、不講究效果，而做一堆沒有用的事情。

我在前面講到的偽工作者，就是做事常常付出了力氣，但是最後沒有效果。

很多時候，人的認知水準能夠提升，就在於看到一些看似淺顯的道理時能多思考一下，結合自己的經歷產生共鳴，然後想到深層的含義。一些宗教書籍，比如《聖經》和各種佛經，或者中國過去的許多經典，裡面的故事都非常淺顯易懂，有些人是看熱鬧，看完後能記住一點情節就不錯了，而有些人卻能悟道，而悟道的關鍵又在於勤於思考。

談談講理的方法

很多人問我，你的寫作能力和演講能力是怎麼培養的？一方面是我在讀博士的時候有人教，這一點我在《大學之路》裡有更詳細的介紹；另一方面則是用心學習，因為可以學習的場合無所不在。以下為大家舉一個我學習的例子。

二〇一七年年初，我看了美國華裔政治家趙小蘭的一個電視訪談，深深為她講理的水準所折服。我把她講的內容總結一下，希望對你能有所啟發。

對於趙小蘭這個名字，出生在一九八〇年代之前的中國人可能並不陌生，她是小布希總統時期的美國勞工部部長，也是美國歷史上第一位華裔部長。趙小蘭出生在臺灣，但是從小就隨父母到了美國，接受的是美國教育。因此，她既保留了中華文化的基因，又成為美國菁英社會的代表。與很多亞裔女性畢業後成為家庭主婦不同，趙小蘭從年輕時就開始積極從政，並且成為兩代布希總統的朋友，她在亞裔從政方面創造了很多歷史第一。二〇一六年，川普當選總統後，身為共和黨的資深人士，趙小蘭被提名擔任交通部部長。在此之後，她接受了電視採訪，談了一個非常敏感的話題，關於不同族裔之間的平等。

語氣平和，立場堅定

趙小蘭在整個採訪中不避諱政治正確，觀點非常鮮明地批評了歐巴馬和希拉蕊（雖然沒有指名道姓）等人無條件接納非法移民的政策，以及對非洲裔和拉丁裔變相照顧、對亞裔歧視的政策。也不指名地批評一些美國大學在錄取時不公平的做法，也直接批評了加州三名亞裔民主黨州議員不為自己族裔說話的錯誤態度。但是，趙小蘭非常尖銳的觀點並沒有讓任何人反感，因為在整個採訪過程中，趙小蘭的語氣一直非常平和，絲毫沒有希拉蕊、歐巴馬和川普那種煽動性，像講故事一樣在講理。我本人算是比較會講話的了，聽完之後也不禁讚嘆她談話水準之高，看來前後三任總統看重她不是沒有道理的。

趙小蘭主要談的是非常敏感的移民和族裔問題。她一上來先肯定移民對美國的貢獻，她說這是美國立國的根本，因為除了原住民，美國所有人都是移民的後裔。然而（關鍵是這個「然而」），她話鋒一轉，講到在美國有一千一百萬～一千三百萬非法移民。這些人看似值得同情，但是他們趁地利之便，幾乎都是來自拉丁美洲，而不是世界各地。好了，既然民主黨人和左派要講究公平，是否也應該對亞洲人公平一點呢？那麼亞洲人移民美國的方法是什麼呢？亞洲人都遵守法紀，他們只有兩個辦法：一個是像她父親那樣，當年在臺灣高考考第一名，來到美國讀書，最後移民；另一個是親屬移民，要等待十幾年到幾十年的時間（端看親屬關係遠近）。趙小蘭的言外之意就是明顯的不公平。你們讓遵紀守法的人等幾十年，讓非法的人直接獲得身分，以後還有誰會守法？而且一千一百萬～一千三百萬非法移民的素質顯然不能和高考第一名的人相比，對美國社會的影響孰優孰劣一目了然。上面這些話，是講給理性觀眾聽的。

但是，很多觀眾並不理性，他們感情用事，不聽道理，對於這些人該怎麼辦？那就得用「一物剋一物」的辦法了。因此，接下來趙小蘭用自己的經歷痛說「革命家史」。當初趙小蘭的父親是一個人先到美國的，而她母親懷孕七個月卻不能一起來，為什麼呢？因為沒有身分，導致這樣一個非常優秀而遵紀守法的家庭，經歷了千辛萬苦才在美國團聚。如果美國的移民政策是為了照顧拉丁美洲的非法移民、傷害亞洲守法的移民，左派所標榜的公平何在？

以子之矛，攻子之盾

在戰術上，趙小蘭一直採用「以子之矛，攻子之盾」的策略，用民主黨和左派年輕人標榜的價值觀，比如公平和多元文化，和他們實際行為上的矛盾之處說明問題所在。接下來，她在族裔政策上繼續批評，她選擇了亞裔最關心的大學錄取問題。趙小蘭說，因為我們的孩子是好孩子，非常努力而且自律，我們的家庭重視教育，因此後代非常優秀，對美國貢獻也非常大。然而（又是一個「然而」），他們在錄取時卻受到不公平的對待。我們的孩子成績好，卻進不了常春藤大學；其他族裔的孩子成績不如我們，卻進去了，這違背了（你們左派說的）公平原則。這時，美國一些（被左派知識分子控制的）大學提出，人的發展是全面的，要考查學生的體育、藝術等各種才藝。趙小蘭說：「好吧，那我們就來做這些。幾年後，亞裔在這些方面也是第一。」但是到了錄取的時候，大學又說要看領導力。這一點確實是目前亞裔做得比較差的地方，但是看看趙小蘭怎麼辯駁。趙小蘭非常理直氣壯地說，這不是我們的文化，我們的文化是放學回家、做好功課，培養好自己，將來幫助社會。你們不是強調多元文化嗎？不是強調對宗教和文化的包容嗎？請包容和尊重我們的文化，我們的文化是細緻周到、注重禮節，不是煽動，不要制定那些違背多元文化原則的標準。

實事求是，以數據服人

講完原則後，趙小蘭提出資料，駁斥左派人士關於亞裔占了美國名校很高比例的觀點。趙小蘭說，雖然只占總人口百分之五．七的亞裔占了哈佛大學百分之二十二的人數，但那是因為他們優秀。亞裔在名校的錄取率只有百分之十左右，白人是百分之十七，拉丁裔則是百分之二十五，而非洲裔則高達百分之三十三。因此，亞裔的錄取比例不是過高，而是過低了。接著，趙小蘭點名批評加州在大學錄取中試圖平權的政策（即 SCA5 法案），同時不忘順便為共和黨拉選民，直接批評民主黨議員不為自己選民說話的做法。她說，加州有三位亞裔議員，居然不為亞裔說話，對損害亞裔利益的法案投了贊成票，後來因為亞裔抗議，才在第二次投票中投了反對票。這樣一來，恐怕一些原本支持民主黨的亞裔觀眾看了電視節目，也要三思自己今後是否該轉而支持共和黨了。

我總結一下趙小蘭這次接受採訪的特點。第一，她的觀點非常鮮明，沒有那種「既要……

又要……」的廢話，在批判一些人和大學時毫不避諱。第二，她一直在肯定和認同對方的觀點，但是用事實說明他們的行為違背了他們自己的觀點。第三，在採訪中，趙小蘭批評別人總是非常委婉，從來沒有用「不公」（unfair）這個詞，或者其他表示憤怒的詞來直接批評不公平的做法，這樣不僅不會讓人反感，而且她講的話都表達了美國對亞裔的不公正。第四，她在讚揚亞裔的貢獻和所應得的利益時一直是理直氣壯的，說這些是亞裔人出色而應得的，因為這個國家歷來強調卓越和公平。很多人講話有一個毛病是，誇自己時不好意思，批評別人時說得很難聽而且缺乏根據；趙小蘭則相反。

我從她身上再一次學習了說話的技巧，尤其是說服人和批評對方的技巧。中國古代常有「一個書生勝過十萬雄兵」的例子，比如燭之武、藺相如、毛遂等。在歐洲這種例子也不少，像法國的塔列朗（Charles Maurice de Talleyrand-Périgord）[28]、奧地利的梅特涅（Klemens Wenzel von Metternich）[29]等。今天我們更是需要如此，善於講道理、說服人，而不是崇尚武力、權力和霸道，這是文明進步的體現。在生活和工作中，說服人的技巧是要一輩子學習的事情。

我看了趙小蘭的採訪，並將她說話的技巧總結下來，深入思考，希望能夠和大家共同進步。

28　在維也納會議上，塔列朗身為戰敗國法國的談判首席代表，憑藉外交手腕，使得法國從一個戰敗國一躍成為維也納會議的五強之一。

29　十九世紀著名奧地利外交家，保守主義的巨擘，維也納會議後的三十多年（一八一五～一八四八年）被稱為「梅特涅時代」。

我們靠什麼說服人

我們靠什麼說服人?很多人會說以理服人,但是在一個新的道理被大家接受以前,別人未必認為你的理站得住腳,這時又該怎麼辦?

科學史上有兩樁著名的公案:日心說和進化論。兩者的出現完全顛覆了人類的認知,因此,如何讓人們接受,就成了一個問題。當然,我並非要講歷史故事,而是想藉此來說明我們靠什麼去說服別人。

很多人一看到「說服人」三個字,就會想到口才。我們也常聽到這樣的說法,「老張口才好,說服了小李」。雖然有些人靠口才狡辯讓人無話可說,但其實沒有真正說服人,等對方轉過頭仔細一想,會覺得善辯者說得並不對,心裡還是不服氣。相反的,有些人講不出漂亮話,卻能把人說得心服,因為大家對他們提供的事實無法辯駁。因此,在說服人方面,事實比口才更重要。

與你相反的論點不一定沒有根據

在科學史上,說服大眾接受日心說,就是靠事實而非口才。

要講日心說，首先要介紹地心說。在我心目中，羅馬時代的希臘天文學家托勒密可以說是天文學界第一人，他一生貢獻很多，但是最傑出的就是「地心說」了。我們過去因為意識形態的緣故，貶低了地心說，也貶低了托勒密對天文學的貢獻。雖然今天都知道地球是圍繞太陽運行的，但是人們最初根據常識得到太陽圍繞地球運轉這樣的結論也是合情合理。在科技發展的過程中，往往是起步靠常識，接下來的發展靠科學邏輯，次序不可能顛倒。托勒密了不起的地方在於，他不是抽象地說太陽和所有星體圍繞地球旋轉，而是建構出一個非常精妙的數學模型描述了宇宙星辰的運行規律。用今天的數學知識可以對他的模型提出兩個結論。

第一，雖然它在物理學上不符合太陽系天體之間的相互關係，但是在數學上是完全正確的。也就是說，他透過將座標原點從太陽系的中心移到地球，建構了一個完美的數學模型。

第二，由於他這種「大圓上套入小圓」的模型在理論上站得住腳，加上他的數學水準很高，因此，他做出的具體模型參數極為準確，預測出的地球運行週期，每一百年的誤差也不超過一天。

今天，很多人不服托勒密，認為他的模型是錯誤的，但是在天文學界可沒有人這樣認為。生活在兩千年前的托勒密，既沒有計算機，也沒有計算尺，更沒有數學工具微積分，只能用幾十個圓組成的相互嵌套的模型把宇宙描述得如此清楚，讓今天所有天文學家都欽佩不已。

托勒密的模型固然準確，但是經過一千五百年的累積，也誤差了不少時間。在一五八二年教宗額我略十三世（Gregorius PP. XIII）修訂曆法之前大約四十年，波蘭修士兼天文學家哥白尼發表了日心說模型，堪稱是近代科學革命的開始。

不過，令人費解的是，日心說這樣一個革命性的成就，在接下來近一個世紀裡卻很少受到關注。教會和學術界（當時大部分知識菁英都在教會裡）既沒有太多人贊同日心說，也沒有多少人反對它，只是將它視為描述天體運動的一個物理模型。一個新思想出現以後，大眾無論是贊同或是反對，至少應該得到一些迴響，最悲傷的就是毫無聲息，這是一種可怕的寂靜。日心說剛提出來時，就是這種處境。

為什麼在今天看來具有劃時代意義，甚至動搖了基督教統治基礎的日心說，在當時並沒有多少人關注呢？其中有兩個主要原因。第一，日心說其實早在哥白尼之前，甚至在托勒密之前就存在了。古希臘哲學家赫拉克利特（Herakleitos）和阿里斯塔克斯（〔Aristarchus〕尤其是後者）已提出了與哥白尼日心說非常相近的描述，阿基米德（Archimedes）做的天體模型雖然被羅馬士兵毀壞了，但是根據當時留下的描述來看，應該也是日心說的模型。哥白尼超越阿里斯塔克斯等前輩科學家的地方在於，他不僅對太陽系做出了定性的描述，而且做出了量化的模型。第二，哥白尼的日心說模型雖然簡單易懂，卻不如托勒密的地心說模型來得準確。因此，大眾不覺得它是更正確的模型，也不認為它更有用。無怪乎關注它的人很少，當然，支持者就更少了。

單靠巧言善辯的風險

半個多世紀後，一位義大利神父逼迫教會不得不在日心說和地心說之間表態，二選一，他就是在中國家喻戶曉的布魯諾（Giordano Bruno）。過去一直認為布魯諾是因為支持日心說而被教會處以火刑。不過，雖然布魯諾宣傳日心說是事實，被教會處以火刑也是事實，而且在布魯諾之後教會一度反對日心說也是事實，但這三件事並不能構成「因為教會反對日心說，於是處死了堅持日心說的布魯諾」這樣的因果關係。人們根據上述三個事實很容易得到這樣的推論，但這並非事實。真實情況是，布魯諾因為泛神論觸犯教會，而且他到處宣揚教會的醜聞，導致他最終被視為異端處死。而布魯諾宣揚泛神論的工具恰好是哥白尼的日心說，因此日心說也連帶被禁止了。

在布魯諾的年代，一般人難以理解和常識不一致的日心說，而菁英階層（主要都是修士）則因為地心說非常精確，也懷疑日心說。因此，要讓社會大眾接受它並非易事。說到這裡，就要回到如何說服別人的問題了。我們在生活中都有這樣的體會：當我們發現了一個新的方法，可能在某些方面比原來的好，但是在其他很多方面卻比不上原來的。由於大眾看法已經固化，對之將信將疑是很正常的。假如這時來了一個支持者試圖說服大家，但是採用的方法不好，比如，先攻擊別人的信仰，然後背地裡指責他們的私生活，最後講出自己看問題的新視角，證明自己比別人高明。這樣一來，即使真理掌握在他的手裡，別人在心理上也難以接受。即使這個人能言善辯，可以把大家說得啞口無言，但這時能言善辯並不是什麼優點，而是有點招人嫉恨。如果我們要說服的人是頂頭上司，那麼在職場上就要倒楣了。不幸的是，布魯諾就（無意中）採用了這樣的下策，因此遭到教會的迫害。

無可反駁的事實，讓人不相信也難

那麼，有沒有更有效的方法呢？我們不妨看看日心說的地位是如何確立的。這件事要感謝伽利略、克卜勒和牛頓三個人，特別是伽利略。一六〇九年，伽利略利用自己製作的天文望遠鏡，發現了一連串可以支持日心說的新天文現象，包括木星的衛星體系、金星的滿盈現象等。這些現象只有用日心說才能解釋，地心說解釋不了。有了這樣的證據，一些科學家和菁英人士才開始接受日心說。而被科學家接受，就是被世人接受的第一步。後來，克卜勒以橢圓軌道取代圓形軌道修正了日心說，日心說才變得比地心說更準確，大眾也更相信它了。到了牛頓，他提出行星圍繞恆星運動的合理解釋，大眾才覺得日心說合情合理。到這個時候，教會雖然還沒有撤銷對伽利略的處分令（更多細節大家可以去聽「羅輯思維」第九六期《到底誰在迫害科學》），但也只能默認日心說了。

能否在工作中說服他人，特別是說服上級，對我們的職業發展、職位晉升非常重要。當我們有了好的想法，僅僅靠這個好想法未必能夠說服他人，特別是思想已經有點固化的上級。有些人有了自己的想法後，便匆匆忙忙跑去找老闆尋求支持，結果被老闆一下子拋出來的三個問題給堵了回去，於是這些人總覺得老闆和自己作對。其實，遇到這種情況，可以有更好的方法：不去和他爭吵，也不依靠巧舌如簧，而是拿出不可辯駁的事實，以一種別人能夠接受的方式去說服人。畢竟，任何人都難以忽視事實。

曾經主管微軟最重要部門的陸奇，是華人在跨國大公司裡職位做得最高的人。很多人就升遷問題向他取經，陸奇對此分享過他的一次經歷。當時陸奇還在雅虎，要說服楊致遠等人接受他對雅虎產品的新設計，當然這意味著推翻雅虎用了多年、楊致遠等人參與開發的舊系統。如果我們把舊的雅虎系統比喻成地心說，陸奇的新方案就是日心說。可以想像，楊致遠會有很多疑問，這些問題回答不好，陸奇就得不到高層支持，而回答這些問題，靠辯才是沒有用的。陸奇私底下做了很多功課，把楊致遠等人可能問的問題，都事先讓下屬做了模擬實驗。這樣，他便證明了自己的方案能為雅虎帶來比過去的方案更多的收益。楊致遠等人即使對自己做的東西有感情，也要尊重事實，畢竟公司的利益比面子重要。最終，楊致遠破格提拔陸奇，成為雅虎掌管工程的主管。

提出事實卻難以說服他人怎麼辦？

在職場上，像布魯諾那樣掌握了真理而且敢於直言的挑戰者固然可敬，但像伽利略那樣拿出證據的建設者卻更加有用。當然，不少人可能會說，我已經擺出事實了，但是笨嘴拙舌，甚至羞於在眾人面前爭辯，實在沒有本事說服人，怎麼辦？這時，可能就需要搬救兵了。接下來我們看看科學史上的另一樁公案：進化論。

不同於日心說的缺乏關注，進化論一提出來就在全世界引起巨大迴響，擁護進化論的學者和社會人士，與反對進化論的教會和其他保守派人士在全世界展開激烈的爭辯。這場脣槍舌劍持續了一個多世紀，直到二〇〇八年，英國教會就打壓進化論一事，向已經去世一百多年的達爾文發表正式的道歉聲明。幾年後，新任教宗方濟各明確肯定了進化論，至此基督教才算是澈底低了頭。當然，在此之前，大部分人已經接受進化論了，少數人雖然仍不接受（今天依然如此），但他們的聲音已經沒有太多人關注了。

為什麼接受進化論那麼困難？如果了解當時的背景，就不難理解為什麼最初大部分西方人對它將信將疑。世世代代被告知人是由上帝創造的西方人，突然被告知祖祖輩輩的知識都是錯的，人是進化而來的，那種震撼可想而知，而人們固化的思想很難突然轉換。更何況早期的進化論還只是一個漏洞百出的假說，反對者很容易找到各種違反進化論原則的案例。至於保守的宗教人士反對進化論就更不奇怪了，因為這個假說動搖了基督教的根本。

進化論被大眾接受的經過，是人類接受新事物的典型過程，也是如何影響他人的最佳案例。雖然提出進化論的是達爾文，但是捍衛進化論，並且讓這個理論得到全世界關注的卻是與達爾文同時代的古生物學家赫胥黎（Thomas Henry Huxley）。達爾文並不是能言善辯的人，也沒有為自己的理論過多辯護，他甚至因為害怕自己的理論引起爭議而遲遲不敢發表。所幸出現了一位年輕的學者華萊士（Alfred Russel Wallace），他在客觀上逼著達爾文不得不發表自己的研究成果。然而，當進化論在社會上引起軒然大波時，達爾文居然沒有怎麼為自己辯護，而這個任務就交到了有「達爾文的鬥犬」之稱的赫胥黎手中。進化論從一開始就能有一些擁護者，在很大程度上要感謝赫胥黎。那麼赫胥黎又是怎麼做到的呢？簡單地說，他的做法既聰明，又很有說服力。

不要急著全盤否定對方

首先，赫胥黎並不全面否定宗教，只是反對宗教裡落後的思想。要知道，接受基督教思想的不僅是教會本身，還有幾十億的教徒，因此反對神創論需要得到大部分教徒的支持，不能全面否定基督教。用今天職場中的情況比喻就很容易理解赫胥黎的做法。假設你提意見給公司主管手機移動端產品的副總裁，而你一開口就說整個移動端的產品都需要淘汰，不僅副總裁會馬上反對，可能成千上萬的用戶也不會答應。但如果你換一個方式，只說產品中一些功能過時了，需要更新，並不需要淘汰整個產品，那麼主管即使不贊同，反彈也不至於那麼大，而大量的現有用戶也會贊成你的意見。我們常說凡事「對事不對人」，就是這個道理。

當然，赫胥黎要宣揚進化論，就必須否定《聖經》中的部分內容，這是他無法回避的。《聖經》和達爾文《物種起源》（*On the Origin of Species*）最為衝突的是第一章〈創世記〉，於是赫胥黎就拿〈創世記〉中關於大洪水的說法開刀。只要證明〈創世記〉中這部分內容是錯的，整個神創論就會動搖。赫胥黎結合自己在美索不達米亞地區的考察，說明〈創世記〉對大洪水的描述不過是古人對於洪水的誇大和想像，美索不達米亞不存在能夠淹沒全世界的大河，也沒有發生過淹沒全世界的考古證據。由於赫胥黎分析得絲絲入扣，社會上的開明人士便接受了他的觀點。

尋求擁護者幫你宣傳代言

有趣的是，赫胥黎其實並不完全接受達爾文的許多看法，他真正捍衛的是進化論中的自然選擇理論。今天，赫胥黎在西方世界的口碑不太好，也是因為他將自然選擇理論用於解釋社會現象，成為大家反感的社會達爾文主義的捍衛者。不過，赫胥黎早期捍衛進化論的貢獻功不可沒。如果沒有赫胥黎的幫助，進化論要為大眾接受，恐怕需要更長的時間。

回到今天的職場，我們在尋找合作夥伴時，常常希望找到一個想法和自己完全一致、非常完美的人，但是這種人可能並不存在。為了宣揚我們的想法，我們更需要像赫胥黎這樣的人，他們不完美，甚至看法和我們並不完全一致，卻能夠堅持不懈地幫我們傳播想法。

在公司裡有一些技術專家，他們有很好的主意，甚至做出了有用的發明，但是因為不會推廣，想法和發明就被擱置一旁。這時如果有一個願意宣傳的產品經理，新的想法和發明就可能被大家接受，並且最終發揮出應有的作用。很多時候，宣傳新思想的人比提出新思想的人作用更大。

當然，赫胥黎也只是讓許多教徒接受了進化論，並沒有讓教會權威承認進化論。最終迫使教會不得不接受這個理論的是另外兩方人馬。

不斷提出新的實證結果充實你的論點

第一方是眾多不斷努力彌補進化論漏洞的生物學家。達爾文的進化論在很長一段時間裡都只是一個難以自圓其說的假說。雖然能夠解釋自然界演化的許多現象，但是卻也有諸多矛盾。不僅如此，它的邏輯也不是非常嚴謹，更糟糕的是，有許多和新的科學發現相矛盾的地方。所幸有一大批科學家不斷地用最新的科學發現修正進化論、解釋進化論，才使它成為一個科學理論。

第二方是遺傳學家。在達爾文研究進化論的同時，奧地利的修士孟德爾（Gregor Johann Mendel）從另一個角度研究生命的奧祕和物種之間的關聯，並且最終發現了遺傳的規律性。在他之後，美國科學家摩根（Thomas Hunt Morgan）確認了細胞內的染色體承載著物種的遺傳物質，奠定了現代遺傳學的基礎。二戰之後，英美科學家一起確定了遺傳物質DNA（去氧核糖核酸）

的雙螺旋分子結構，從此破解了生命的奧祕，也了解到基因突變對物種變異和進化的影響。這些現代生物學和遺傳學的結果，都支持了生物具有共同祖先的說法。不僅生物的遺傳物質都是DNA，而且構成生命所需的蛋白質也具有一致性，例如核糖體、DNA聚合酶與RNA（核糖核酸）聚合酶，不但出現在較原始的細菌裡，也出現在複雜的哺乳類動物體內。這些蛋白質的核心部分在不同生物中具有相似的構造與功能。

正是上述兩方人馬的努力，為進化論找到了有說服力的證據。近十多年來，教會漸漸承認進化論具有科學根據，並且為過去反對進化論的一些言行道歉。

團隊合作比單打獨鬥更容易成功

在職場上，一些年輕朋友常常和我抱怨，他們的主管多麼固執、公司體制多麼僵化。每當這個時候，我就會跟他們說教會接受進化論的過程，然後反問道：「難道你們公司的主管比教會還保守嗎？」如果一件好事得不到支持，更有可能是我們把問題想得太簡單了，而應對複雜情況的方法又不得當。比如，我們往往需要兩種同盟軍，一種是像赫胥黎那樣捍衛我們思想的人，另一種是理性地幫助我們找到證據的人。一個人的成功與否，不僅僅取決於他個人的能力，更要靠他調動資源的能力。我們在職場上常常看不起那些八面玲瓏、善於周旋的人，覺得自己的業務能力比他們高。但往往是那些人能說服主管、達成目的，這些人找「同盟軍」的能力值得我們學習。可見，聰明人總是善於借力使力。

如何做好演講

在本章第一篇中我談了表達的重要性，而在公眾面前演講又是表達中相對較難的。很多人問我如何做好演講，接著我就以我在豐元資本年會上的演講為例，說明怎麼在短短十分鐘內講清楚很多事情。

講話首先要看聽眾是誰，對於不同的聽眾表達的方式應該有所不同。參加基金年會和參加一般公司年會的人不同。一般來說，參加基金年會的人數並不多，主要是現有的投資人、未來潛在的投資人以及已投資公司的創始人。這些人一般不習慣坐在簡報室聽臺上的人長篇大論，因此要在一個比較輕鬆隨意的地方，用很短的時間把想講的事情傳達給他們。我們年會的地點選在一位合夥人、Hotmail 創始人之一，史密斯先生的酒莊裡，這樣既不鋪張，又比較有特色，大家在聽演講時可以端著酒杯四處走動，比較隨意。

名氣最大的與會嘉賓是人類長壽公司的創始人凡特（Craig Venter）教授，他是人類基因計畫早期的負責人之一，也因此獲得美國國家科學獎。在會上，他做了一個主題分享。身為東道主，我代表基金做了一個簡短的演說。我一共只有五張 PPT（五個面向），每張 PPT 用兩分鐘時間講完。

第一張PPT：我們是誰，過去幾年做了什麼事情

這張PPT的目的既是對過去的總結，和對現有投資人的交代，也是為了吸引新的投資人。在這張PPT裡，我介紹了幾個資料：

一、我們過去投資了多少家公司。
二、目前投資的公司估值增長了多少。
三、有多少公司成功退出了（錢收回來了）。
四、有多少公司失敗了（這一條不能省略，無論是投資人還是創辦企業的人都是聰明人，任何報喜不報憂的行為只會讓他們心存疑慮，除此之外沒有任何效果。很多時候，先把壞消息告訴大家，然後再說好消息，效果會更好。如果壞消息不是很壞，說出來反而能發揮好的作用）。

這張PPT要傳遞的第二個資訊就是用一句話概括「我們」的特點，即我們對技術非常敏銳。很多時候，話說多了反而沒有重點，把上面這幾點忠實傳達就非常好了。

第二張PPT：我們提供什麼

風險投資當然是提供資金了，但這僅僅是我們提供的一小部分價值。資金到處都是，並非稀

有資源，但即使是錢，也分聰明錢和傻錢，誰都希望拿聰明錢。對於創業者，除了錢，我們還提供兩方面的協助。

一、提供連接。我們首先會為創業公司提供和矽谷企業以及矽谷其他投資機構的連接服務。其次，對於那些想進入中國市場的公司，我們會提供解決方案。

二、對創業者提供技術和管理上的幫助。因為我們的合夥人都是技術專家出身，因此在很多領域可以直接提供技術幫助。此外，我們還有很多顧問，會為我們投資的企業提供有償服務。當然，是由我們支付他們的報酬，並不需要創業者自掏腰包。

這一點講清楚之後，不僅凸顯出基金的特點，還呼應了第一張 PPT：到目前為止，我們為什麼能夠如此成功。

第三張 PPT：我們投資的哲學

關於這一點，首先是看重創始人，也就是「投人」。當然，我還延伸說明了「投人」的三個重要性。

一、一流的人可以把二流的項目做成一流；反之，二流的人會把一流的項目做成二流或三流。

二、世界瞬息萬變，任何成功的初創企業，最終的成功產品相比當初創始人的想法，都會有很大變化。世界需要「變色龍」，只有一流的人才善於往好的方向改變。

三、人的誠信很重要（這些看法我已經多次介紹，就不贅述了）。

當然，我強調「投人」的重要性也是為了呼應第一張 PPT 的內容。

第四張 PPT：我們對項目的看法

我經常和來找錢的創業者說，你不用考慮錢的問題，甚至暫時不需要急著去賺錢。我幫你解決了錢的問題之後，你只要告訴我，當你實現了自己的想法後，世界會有什麼明顯的、正面的變化。對於那些做所謂「me too」（我也能行）專案的人，這一條就無法通過，因為他們即使達成了目標，也只不過在業界增加了一個競爭對手，對世界沒有什麼幫助。此外，對於那些根本不存在的偽需求，也不符合這項要求。一個項目一旦做成了，如果真能夠改變世界，哪怕改變得不多，也是好的，也必然有人使用，接下來投資人賺錢就不是問題了。

因為堅守這個原則，我們幾乎不投資那些炒作概念的公司，哪怕它可能在短期內讓我們獲得不錯的回報。風險投資的目的，是幫助一些沒有財務能力的人，實現他們改變世界的理想。我們發現，那些最終把公司做得很大的人，都是有明確願景和方向的，不會去盲從、去熱炒概念，也不會擠進過度飽和的市場。前幾年那些大量做影片的公司、團購的公司、O2O（線上到線下）的公司，以及現在大部分自媒體，都不符合這個要求。

第五張 PPT：我們對趨勢的看法

所有IT產業的人都習慣把「趨勢」二字掛在嘴邊，有些人還在大會小會上到處預測趨勢。當然，幾年後回過頭來驗證他們說的話，往往並不準確。我在《矽谷來信》中也提過幾次，預測往往是靠不住的，而身為投資人所能做的，就是對事實做出正確的反應而已。因此，我們在投資時從來不去賭未來的趨勢。而且也不會事先設定條件，什麼方向的公司可以投資，什麼領域的公司不可以，完全是創業者告訴我們的。一個創業者來找我們，不會是心血來潮，也不會是沒事消遣我們，他們都是極為認真的。他們之所以想做一件事情，是根據自己的經驗和特長，經過長時間思考的結果。他們或許知道某項技術已經成熟，有商機；或許是在生活中遇到了問題，而自己恰好有解決的辦法；或許看到了現有產品的不足，自己能夠改進但又苦於沒有資源。總之，他們提出的創業想法是有根據的。如果很多人幾乎同時看到類似的問題、有相似的想法，這就是所謂的趨勢。這種趨勢不是哪個專家先知先覺的結果，而是自下而上總結出來的。好的體制要讓動力來自底層，煞車掌握在高層；創新也是如此，動力應該來自底層的每一個創業者，而制動應來自掌握資金和資源的人。因此，風險投資所做的事情，就是對創業者的想法進行正確的判斷。我們從不預測趨勢，但是知道趨勢所在，因為創業者會告訴我們。

我在年會上的報告就這些內容，十分鐘而已，但是我想表達的事情已經表達清楚了。通常，報告者總是擔心漏掉了什麼重要內容，把總結報告做得又臭又長，以至於臺上的人在報告，臺下的人在玩手機和睡覺。與其這樣，不如把報告做得簡短些，強調出重點即可。聽眾能夠專心聽五分鐘，記得裡面一、兩個重要的觀點，報告的目的就達到了。

此外，在戰術方面，我的後四張 PPT 都是在支持第一張 PPT 的內容，這樣一來，十分鐘的報告就傳遞出一個統一的訊息：我們為什麼過去做得不錯，以後為什麼有信心能夠做得更好。這樣既能讓現有投資人放心，也讓未來投資人動心。

很多人演講時，恨不得把一肚子話一口氣倒給聽眾。其實大部分人在聽報告時，很難集中注意力超過二十分鐘。因此，再好的演說家也很難把十件事一次講清楚，能把一件事講透澈或者三五個要點提到，目的就達成了。如果聽眾真有興趣，他們以後還會再來聽的，到那時再把更多的資訊傳遞給他們也不遲。如果聽眾沒有興趣，即使講再多，也會成為最後一次演講。

後記

從《矽谷來信》到《見識》

少時讀盧梭的書、培根的隨筆，以及茨威格、羅曼・羅蘭、魯迅、梁實秋、朱自清和周國平等人的回憶錄或者散文，受益良多。那些智者在不經意間將人生的感悟告訴我，不知不覺影響了我這個正在大學裡探索未來人生的青年。後來，我有機會和世界上很多優秀的人（從知名學者到商界領袖，再到文化菁英）交流，能夠經歷一些他人沒有機會經歷的事情，同時受到他們思考方式的影響，逐漸學會比較深入地看待世事和人生。因此我曾想，如果有機會，我也希望能夠把我的見聞、想法與大家分享，這應該是人生一大快事。我甚至替它取了個名字：《橡園隨筆》。因為我住的地方有很多橡樹。

然而我一直沒有機會做這件事情，儘管我已經寫了六本書，但那些書都是圍繞一個主題，客觀地講述一段歷史、一種技術或者剖析一些現象，並不帶有太多我自己的看法。很多朋友建議我開一個專欄或者一個微信公眾號，來寫一些隨感，但我很快發現，這件事沒有別人的幫助是做不到的。

幸運的是，「羅輯思維」的「得到」App為我提供了這個機會。在該公司創始人羅振宇先生、首席執行長脫不花和團隊其他員工的鼓勵和幫助下，我終於下決心在「得到」上以書信的方式，推出了《矽谷來信》這個訂閱專欄，也算是借助「羅輯思維」的力量圓了夢。

《矽谷來信》的內容非常繁雜，包含我的所見、所聞、所想。為了方便讀者閱讀，「得到」團隊花了不少功夫將那些零散的內容按照主題組成一個個相對獨立而又內容完整的模組，每週刊登五篇同一主題的來信。在接下來的一年多裡，依靠著「得到」團隊的運營，《矽谷來信》有了八萬多名訂閱讀者，他們從年齡到經歷都非常不同，既有大專院校的學生及其家長，也有職場上的資深人士，比如上市公司的創始人和高級主管。這些讀者和我一起形成了一個學習團體，我也透過和他們的交流受益匪淺。在這個過程中，「羅輯思維」的朱瑪頂、張超以及產品和工程團隊，對專欄的出版和運行付出良多，脫不花和羅振宇兩位負責人也直接參與專欄的推廣和運營，「得到」的其他專欄作家薛兆豐教授、萬維鋼教授、劉雪楓、吳伯凡、古典等老師，知識專欄的總編輯李翔先生，都對《矽谷來信》的運營給予了幫助。在此我對他們表示衷心的感謝。

根據讀者的回饋，我發現大家最關心的是如何更好地掌握未來發展的命脈，如何在事業上更有成就。因此「羅輯思維」、中信出版社、「場景實驗室」和我，都認為有必要將大家在這些方面最關心的話題挑選出來，以原有來信為基礎，進一步補充資料、延伸論述、重新創作，因而完成了《見識》一書。之所以為本書取這個名字，是因為我覺得人一生的命運其實很大程度上受限於人的見識，而改變命運首先要提升見識。

當然，我並不是說自己的見識比他人高，而是想提供一個與眾不同、比較獨特的看待世界、看待問題的視角讓大家參考。簡單地說，這本書是我對自己職場經驗和人生經歷的總結，或者說是從我的視角看到的世界。

在本書創作的過程中，場景實驗室的鄭婷、孟幻女士和「羅輯思維」的李倩女士負責完成了本書的策劃，並且幫助我從三百多封來信中選取出本書的章節主題。在這個過程中，「羅輯思維」的創始人羅振宇先生、首席執行長脫不花女士和產品經理朱瑪頂等人給予了很多幫助。之後，鄭婷、孟幻女士，中信出版社的趙輝、範虹軼和王振棟等編輯又一起完成了本書的編校工作，讓本書得以順利出版。在此，我向他們表示衷心的感謝。

最後，我還要感謝我的家人在時間上對我寫作《矽谷來信》專欄的包容，以及對本書出版所給予的各種支持。

由於《矽谷來信》是非常強調個人視角的專欄，因此我思考問題的角度必有許多局限，對於書中可能包含的諸多不足，還請讀者朋友予以指正。對於「見識」的看法，這本書只是拋磚引玉，期待更多的朋友參與。

高寶書版集團
gobooks.com.tw

RI 325

見識：吳軍博士的矽谷來信，教你掌握商業與人生的本質

作　　者　吳軍
責任編輯　余純菁
封面設計　海流設計
排　　版　趙小芳
企　　劃　荊晟庭

發 行 人　朱凱蕾
出　　版　英屬維京群島商高寶國際有限公司台灣分公司
　　　　　Global Group Holdings, Ltd.
地　　址　台北市內湖區洲子街 88 號 3 樓
網　　址　gobooks.com.tw
電　　話　（02）27992788
電　　郵　readers@gobooks.com.tw（讀者服務部）
　　　　　pr@gobooks.com.tw（公關諮詢部）
傳　　真　出版部（02）27990909　行銷部（02）27993088
郵政劃撥　19394552
戶　　名　英屬維京群島商高寶國際有限公司台灣分公司
發　　行　希代多媒體書版股份有限公司 /Printed in Taiwan
初版日期　2018 年 6 月

©吳軍2017
本書中文繁體版由中信出版集團股份有限公司授權
高寶書版集團在台灣香港澳門地區
獨家出版發行。
ALL RIGHTS RESERVED

國家圖書館出版品預行編目（CIP）資料

見識：吳軍博士的矽谷來信，教你掌握商業與人生的本質
/ 吳軍著 . -- 初版 . -- 臺北市 : 高寶國際出版 :
希代多媒體發行，2018.06
面；　公分 .--（致富館；RI 325）

ISBN 978-986-361-531-6（平裝）

1. 生活指導　2. 職場成功法

494.35　　107005535

凡本著作任何圖片、文字及其他內容，
未經本公司同意授權者，
均不得擅自重製、仿製或以其他方法加以侵害，
如一經查獲，必定追究到底，絕不寬貸。

GOBOOKS & SITAK GROUP ©